AF391537

LES ENGRAIS

OUVRAGES DU MEME AUTEUR

Les ouvriers de la ferme : Le berger. 2ᵉ édition. 1 vol. petit in-16, avec 23 figures.   50 c.

Le vacher et le bouvier. 2ᵉ édition. 1 vol. petit in-16, avec 23 figures.   50 c.

L'amour maternel chez les animaux. 2ᵉ édition. 1 vol. in-16, avec 78 gravures.   2 fr. 25

L'intelligence des animaux. 4ᵉ édition. 1 vol. in-16, avec 58 gravures.   2 fr. 25

Coulommiers. — Imp. Paul BRODARD

LES ENGRAIS

MANUEL

A L'USAGE DES CULTIVATEURS

PAR

ERNEST MENAULT

RÉDACTEUR AGRICOLE DU JOURNAL OFFICIEL.

> La terre ne vieillit ni ne s'épuise
> si on l'engraisse.
>
> COLUMELLE.

Avec 12 figures.

—•◦⦂◉⦂◦•—

PARIS

LIBRAIRIE HACHETTE ET Cⁱᵉ

79, BOULEVARD SAINT-GERMAIN, 79

1881

PRÉFACE

La question des engrais est très importante dans notre pays, où la production ne suffit pas à la consommation; elle l'est d'autant plus maintenant que les blés du nouveau monde viennent faire concurrence aux nôtres. Il est donc de toute nécessité aujourd'hui de chercher à accroître le plus possible la production du sol. L'emploi de meilleurs procédés de culture et d'instruments plus perfectionnés donnera de bons résultats au cultivateur. Mais il est une loi impérieuse, à laquelle il ne peut se soustraire impunément. C'est la loi de restitution, qui veut que plus on enlève à la terre, plus il faut lui rendre. Les Romains connaissaient cette loi, et ils savaient si bien ce que peut faire produire le fumier, qu'ils avaient élevé un temple au dieu Fumier connu sous le nom de *Saturnus Sterculinus*, pour leur avoir enseigné l'usage de l'engrais sur la terre.

Quand leurs basses-cours, leurs colombiers ne leur fournissaient pas tout le fumier dont ils avaient besoin, ils savaient créer des engrais supplémentaires, ils semaient des plantes légumineuses et même du seigle, ils brûlaient le chaume sur place, ils avaient également soin de faire parquer leurs bestiaux, ils savaient pratiquement ce qu'il fallait donner à une terre pour la faire produire davantage.

A toutes les époques et dans tous les pays, la prospérité de l'agriculture a toujours été proportionnée à l'importance attachée aux engrais.

Les voyageurs racontent qu'en Chine, où la culture accomplit des merveilles, il n'est pas de barbier qui ne recueille précieusement dans l'intérêt du jardinage les cheveux et toute l'eau de savon de sa boutique. Les lois du pays défendent de jeter les excréments humains, et il y a dans chaque maison, ainsi que le long des chemins, des réservoirs construits avec beaucoup de soin et de petits vases déposés pour les recueillir au profit de la culture. Les vieillards, les femmes, les enfants s'occupent à délayer, à déposer ces engrais près des plantes en doses convenables.

En Belgique, en Hollande, l'utilité des engrais est tellement appréciée qu'on met à s'emparer des moindres ordures une avidité qui dispense la municipalité de faire des frais de balayage. Les soins apportés à la récolte des engrais liquides, à la manipulation des fumiers, à leur bonne disposition dans les cours, à leur transport sur le terrain, sont vraiment extraordinaires. Écoutons ce que dit à ce sujet M. de Laveleye, l'auteur d'un essai sur l'économie rurale en Belgique.

« De nos jours, l'agriculteur flamand a voué aussi une sorte de culte à l'auxiliaire indispensable de ses travaux, à l'engrais, qu'il appelle, dans son langage énergique, le dieu de l'agriculture, et non sans raison, car c'est lui qui réchauffe le sein de la terre, qui stimule par ses ardeurs la sève trop lente et trop froide, qui donne à des plantes du Midi, comme· le tabac et le maïs, la force de croître, qui opère enfin sous le ciel du Nord les miracles qu'on doit aux rayons du soleil dans les beaux pays qui avaient jadis élevé tant d'autels à l'astre bienfaisant.

« L'engrais joue dans l'économie rurale de la Flandre un rôle prédominant. Il y a d'abord le fumier de ferme dont la masse est plus grande ici que partout ailleurs. Le chiffre des têtes de bétail est plus élevé même qu'en Angleterre.

« Le cultivateur ne se contente pas des matières fertilisantes qu'il accumule dans sa ferme ; il extrait des fossés et des ruisseaux les plantes aquatiques, qu'il mélange avec le fumier ; il fait venir à grands frais les boues draguées dans les canaux, ou de la chaux, qu'il distribue dans la proportion de 8 à 10 mètres cubes par hectare ; il se rend dans toutes les villes voisines pour acheter les déchets des fabriques et des tanneries, du noir animal, des cendres, des boues de rue, des os broyés, des phosphates de chaux, des tourteaux de lin et de colza, des vidanges partout recueillies et qui se vendent 30 à 40 centimes l'hectolitre.

« Dès l'aube, les jeunes enfants traînent une petite charrette, vont en quête du fumier le long des chemins ou sur les prairies encore soumises à la vaine pâture pendant l'automne.

« On fait plus encore, on demande au Pérou des quantités énormes de guano. L'ouvrier qui cultive un arpent de terre va chercher sur sa brouette quelques balles de guano, tandis qu'il lui aurait été impossible de transporter tout autre amendement plus encombrant. Se procurer des engrais, telle est la grande préoccupation du cultivateur.

« Les récoltes d'hiver reçoivent d'ordinaire au moment des semailles de 20 à 30 voitures de fumier d'étable par hectare, valant de 100 à 150 francs, et au printemps de 150 à 300 hectolitres de purin, estimé de 60 à 75 francs. Ajoutez à cela 80 à 100 francs d'engrais commerciaux, et vous comprendrez que nulle part, ni en Lombardie ni en Angleterre, on ne fait des avances aussi considérables. Ce n'est pas, il est vrai, la récolte des céréales qui permet d'y faire face. Ce sont les riches produits des plantes industrielles et les récoltes accessoires qu'on obtient la même année après les récoltes principales. »

Inutile d'insister et de dire qu'en Angleterre, pays aussi de culture intensive par excellence et de grands rapports, on attache la plus grande importance à l'emploi des engrais. Tout ce qui peut accroître la fertilité du sol est recueilli avec soin et enfoui dans la terre. Les vaisseaux britanniques vont chercher des suppléments d'engrais jusqu'au bout du monde. C'est en ce pays qu'on pratique l'excellent usage de l'indemnité au fermier sortant qui a pendant son bail amélioré la terre par des engrais ou des amendements.

La France n'est point restée étrangère à cet emploi des engrais, et le département du Nord est depuis longtemps sur le même pied que la Belgique : on y retrouve les principes des Flandres. Le bétail y est très nombreux, approchant une tête par hectare. Cette quantité d'animaux fournit des masses énormes d'engrais. Nos cultivateurs du Nord ne s'en contentent pas : ils y ajoutent les boues des villes, les tourteaux, les os, les sables de mer, l'engrais humain. C'est avec ce dernier engrais, connu sous le nom d'engrais flamand, qu'ils ont pu étendre leur culture épuisante sans nuire à la fécondité de leur sol, et se montrer même supérieurs aux Anglais comme production. Ainsi, dans le Nord, on obtient plus de 30 hectolitres de blé à l'hectare dans les exploitations où, bien entendu, on cultive la betterave sur une grande étendue. Ces rendements obtenus à la ferme de Masny, dirigée par M. Fiévet, et dans beaucoup d'autres exploitations, font de la récolte du blé la plus avantageuse de toutes, grâce à la culture de la betterave. On applique à celle-ci tous les frais de la préparation du sol, qui profitent si bien à la récolte du blé, de sorte que cette dernière n'a plus qu'une simple façon à recevoir et une somme d'engrais déjà fort amortie à supporter. La culture de la betterave s'est propagée dans un certain nombre de départements. Elle y a naturellement amené l'emploi d'engrais plus abondants, et, indépendamment de cette culture spéciale, il faut reconnaître que depuis une vingtaine d'années, un peu par toute la France, les cultivateurs se sont mis à employer la marne dans les pays où elle est nécessaire, à acheter du guano, des phosphates fossiles et des engrais chimiques ; ils savent aujourd'hui que les dépenses d'engrais ne sont jamais perdues ; mais malheureusement l'argent manque souvent dans la petite culture : aussi est-ce une raison de plus pour que le cultivateur apprenne à faire du bon fumier, pour qu'il s'applique à ne rien perdre de ce qui peut fertiliser ses champs. Que de fermes encore où le purin est abandonné, où les fumiers sont brûlés par le soleil ou délayés par les eaux des toits. Quant aux matières fécales, à l'engrais humain, il est presque entièrement négligé dans nos campagnes. On a calculé que cette perte pouvait s'élever à deux milliards. Que ce chiffre soit exagéré, c'est possible ; mais il n'en est pas moins certain qu'on perd ainsi une ressource qui pourrait singulièrement augmenter notre production d'hectolitres à l'hectare, combler d'autant notre déficit annuel, et aussi nous permettre de lutter contre la concurrence étrangère, sans compter que beaucoup de terres pourraient encore être conquises à la culture.

Le but de ce petit manuel est de mettre entre les mains des cultivateurs, des élèves de nos écoles d'agriculture et aussi de nos écoles communales, un résumé consciencieux de tout ce qui a été écrit d'important sur les engrais, dans les ouvrages suivants : l'*Économie rurale* de M. Boussingault, les *Lettres sur l'agriculture* de Liebig, le *Cours de chimie agricole* de M. Dehérain, les *Leçons de chimie agricole* de M. Bobierre, *Le chimiste agriculteur* de M. Pouriau, *La doctrine des engrais chimiques* de M. Georges Ville, *Les fumiers et autres engrais commerciaux* de M. J. Girardin, *Les simples notions sur l'achat et l'emploi des engrais commerciaux* de M. Bobierre, *Les matières fertilisantes* de M. Heuzé, l'*Agriculture française* de M. Gossin, les *Annuaires* de l'*Agence centrale des agriculteurs*, le *Précis d'agriculture* de Payen et Richard, le *Traité d'agriculture pratique* de M. Magne, l'*Encyclopédie de l'agriculture* de MM. Moll et Gayot, le *Cours de chimie agricole* professé par M. Leblanc à Clermont (Oise), et plusieurs autres ouvrages auxquels les cultivateurs qui désireront avoir plus de détails pourront se reporter, aussi bien qu'au *Manuel de la pulvérisation des engrais* de M. Menier, pour ceux qui voudront fabriquer eux-mêmes leurs engrais.

Nous avons surtout cherché à éviter les formules chimiques et à rendre la lecture de notre petit livre facile, nous attachant spécialement au côté pratique, indiquant quels engrais il faut pour telle plante et tel sol, disant quelle quantité est nécessaire à l'hectare, donnant le prix des divers engrais, renseignant le cultivateur sur les fraudes des marchands, et lui fournissant le moyen de n'être jamais trompé. Nous espérons avoir atteint le but que nous avions en vue; du moins nous avons fait pour cela tous nos efforts.

ERNEST MENAULT.

Angerville (Seine-et-Oise), mai 1880.

LES ENGRAIS

Apprendre à connaître les engrais, c'est apprendre comment les plantes se nourrissent, c'est-à-dire quels aliments elles empruntent à l'air, à l'eau et au sol dans lequel elles vivent.

Tant qu'on a ignoré la composition de l'air, de l'eau et du sol, on n'a pu se faire qu'une idée incomplète de la nutrition des plantes.

Grâce aux travaux si remarquables de Cavendish, de Priestley et surtout de Lavoisier, l'air et l'eau ont été décomposés, on a su quels éléments entrent dans la composition des plantes.

Liebig, Dumas, Boussingault, Payen, par leurs savantes études de chimie agricole, ont montré toutes les conséquences du principe de la restitution au sol des matières minérales enlevées par les récoltes, principe que Bernard Palissy avait proclamé dès 1560.

De Saussure a le premier appelé l'attention des agronomes sur la présence constante des matières minérales dans les végétaux et sur les rapports que présente la composition des cendres de ces végétaux avec celle des sols. Le premier aussi il a bien étudié les propriétés du terreau ou humus et indiqué son importance pour l'agriculture.

Liebig a démontré que tous les éléments des végétaux appartiennent au monde minéral.

La substance minérale qui fait partie des tissus de toutes les plantes est indispensable à leur existence : une quantité considérable de matière minérale est enlevée au sol et exportée de nos champs par les récoltes. Le fumier est efficace surtout parce qu'il restitue à la terre les principes qu'elle a donnés.

Pour entretenir la fécondité du sol, il faut lui rendre les aliments minéraux cédés par lui aux récoltes. De là, possibilité de remplacer le fumier par les matières minérales qu'il contient : d'où la fabrication et l'emploi des engrais artificiels.

L'air.

Les plantes empruntent aussi leur nourriture à l'air. L'air est un mélange de gaz qui entoure la terre que nous habitons. Quoique nous ne voyions pas l'air, parce qu'il est incolore et transparent, il pénètre néanmoins dans tous les vides et dans tous les pores des corps; il existe même en dissolution dans l'eau, comme du sucre dans de l'eau sucrée.

L'air, quoique invisible, parce qu'il est transparent, n'est pas simple; c'est un composé de plusieurs éléments. Il contient différentes substances également invisibles et insaisissables : l'*oxygène*, l'*acide carbonique* et l'*azote*. Ces substances, qui présentent la subtilité de l'air, s'appellent gaz.

L'oxygène et l'azote sont deux gaz qui par leur mélange constituent en grande partie l'air ordinaire. Sur cinq litres d'air, il y a environ un litre d'oxygène et quatre d'azote.

Ces deux gaz sont toujours accompagnés par deux autres : le gaz acide carbonique et la vapeur d'eau. Dix mille litres d'air ne contiennent que quatre à cinq parties d'acide carbonique, et cependant cette faible proportion suffit pour fournir aux plantes la majeure partie du carbone qu'elles fixent sans cesse dans leurs tissus.

Quant à la vapeur d'eau, sa proportion varie tellement dans l'air qu'on ne peut pas la fixer, même approximativement.

Il y a encore d'autres corps qu'on ne trouve qu'accidentellement et en quantité presque infinitésimale dans l'air, mais qui n'en ont pas moins une influence sur la végétation : ce sont l'ammoniaque, l'acide azotique et diverses substances salines.

L'ammoniaque étant un des produits de la décomposition des substances organiques, rien d'étonnant, puisqu'il est un gaz, si rien ne le retient, qu'il se répande dans l'air ; mais, comme aussi c'est le gaz que les corps poreux absorbent en plus grande proportion, on comprend que les terres arables, formées de silice et d'argile, qui sont des substances poreuses, retiennent la plus grande partie de l'ammoniaque, qui prend naissance par suite de la décomposition des matières organiques.

L'ammoniaque est très soluble dans l'eau, qui en dissout plus de 1000 fois son volume ; la moindre pluie, la moindre rosée en entraîne la plus grande partie sur la terre.

L'ammoniaque se combine en outre avec l'acide carbonique et nitrique pour former du carbonate et du nitrate d'ammoniaque, qui sont moins volatils, mais aussi solubles qu'elle et qui sont entraînés par les pluies.

L'acide nitrique, qui se trouve dans l'air, est dû à la combinaison de l'azote avec l'oxygène. C'est ordinairement l'électricité qui se développe pendant les orages dans l'atmosphère qui opère cette combinaison. Sous l'influence de l'étincelle électrique, l'oxygène subit une modification curieuse : il acquiert une odeur particulière et se change en un corps nommé ozone, qui n'est autre que de l'oxygène doué d'une affinité plus énergique.

Tandis que l'oxygène ne se combine pas avec l'azote dans les circonstances ordinaires, l'ozone s'unit directement à ce corps. Or les éclairs sont des étincelles électriques d'une grande dimension : en sillonnant l'atmosphère pendant les orages, ils donnent naissance à de l'ozone qui s'unit à l'azote pour former de l'acide nitrique. Cet acide à son tour se combine avec l'ammoniaque et forme le nitrate d'ammoniaque, qu'on trouve presque toujours dans les pluies d'orage.

Un litre d'eau de pluie tombée à la campagne renfermait 0 milligr. 184 d'acide nitrique. La neige, le brouillard, la rosée en contiennent encore davantage. Ainsi M. Boussaingault en a trouvé jusqu'à 10 milligr. 10 par litre dans un brouillard très répandu sur Paris, dans la nuit du 10 décembre 1857.

D'après M. Barral, la quantité d'acide nitrique qui serait entraînée par les pluies dans l'espace d'un an sur un hectare de terre correspondrait à 22 kilogrammes d'azote.

Ainsi donc, il n'est pas douteux que l'air soit une source d'ammoniaque et d'acide nitrique, et comme les azotates et les sels ammoniacaux sont des substances fertilisantes, comme leur azote est de tous le plus assimilable, on doit considérer l'air comme étant une source d'engrais excellent, d'autant plus excellent même qu'il ne coûte rien au cultivateur. On en a la preuve dans les effets de la jachère, dans la culture des *plantes améliorantes* et dans la végétation abandonnée exclusivement aux ressources de la nature.

L'air contient en outre un grand nombre de substances salines apportées par les vapeurs qui s'élèvent de la surface des eaux. M Isidore Pierre a trouvé dans 100 mètres cubes d'eau pluviale 24 kilogrammes de sulfates et de chlorures identiques à ceux que l'on trouve dans les eaux de la mer et des fleuves. De son côté, M. Barral a constaté la présence des phosphates dans les eaux pluviales.

En admettant qu'un hectare reçoive en moyenne tous les ans 6000 mètres cubes d'eau de pluie, il recevrait par là même environ 147 kilogrammes de matières salines. Ce fait vraiment curieux explique la présence dans certaines plantes de principes minéraux qui n'existent pas dans le sol où ils ont végété.

Comment les plantes vivent-elles de l'air?

Il faut d'abord de l'air aux graines pour germer. Sans air, sans oxygène, pas de germination. Dans l'azote, dans l'acide carbonique, les graines se gonflent sans végéter, et cela parce qu'elles trouvent un peu d'humidité, mais elles ne tardent pas à s'altérer. Dans les gaz secs, les graines se conservent sans germer.

Dans l'air, et surtout dans l'air un peu humide, la germination s'accomplit facilement; les labours ont pour but de faire pénétrer l'air dans le sol. Aussi les sols qui se laissent mal pénétrer par l'air, tels que les terres glaiseuses, compactes et froides, sont peu favorables à la germination.

La graine a germé, la voilà devenue plante, elle

va vivre dans l'atmosphère, l'air va lui apporter l'acide carbonique, qui, au contact des parties vertes de la plante, est décomposé sous l'influence de la lumière; l'oxygène est rendu à l'atmosphère, tandis que le carbone est retenu par la plante, qui s'en nourrit.

Les plantes, les arbres qui croissent seuls dans des lieux bien aérés sont plus vigoureux que ceux qui vivent à l'ombre d'autres végétaux. Les plantes qu'on transporte dans l'obscurité s'étiolent et s'altèrent. La chicorée, qui est verte et amère quand elle croît à la lumière, se transforme en barbe de capucin douce et blanche.

L'oxygène n'est pas moins utile à la vie des plantes, d'abord parce que les plantes en absorbent directement, parce que sans lui la matière verte, même avec le secours de la lumière, ne saurait décomposer l'acide carbonique.

Non seulement la plante absorbe de l'oxygène provenant de la décomposition de l'acide carbonique, elle absorbe de l'oxygène libre humide, à l'atmosphère. Cette absorption de l'oxygène humide est d'une grande importance dans la vie des plantes; il détermine une combustion lente, ainsi que l'a démontré Édouard Robin, dans toutes les parties du végétal douées de vie, vertes ou non, éclairées ou dans l'obscurité. Cette combustion est nécessaire pour faire naître et entretenir les manifestations de la vie dans le végétal entier, comme dans chacune de ses parties.

L'air humide joue, comme nous le verrons plus loin, un très grand rôle dans la décomposition des plantes, dans la formation des fumiers.

C'est par suite de l'absence de l'air que certains végétaux se transforment en tourbe dans les terrains marécageux, tandis que ces végétaux, transportés dans un terrain sec et perméable à l'air, s'y décomposent facilement au profit des récoltes , et ces matières organiques qui se décomposent ainsi dans le sol donnent, entre autres produits de leur décomposition, de l'acide carbonique.

Cette production d'acide carbonique est très importante, car l'acide carbonique rend soluble une partie des substances organiques; il augmente aussi beaucoup la solubilité de l'acide phosphorique en s'emparant d'une partie de la chaux du phosphate tribasique insoluble, qu'il transforme en phosphate acide soluble. Les labours et une légère humidité ont pour effet d'accroître cette production d'acide carbonique.

L'eau.

Comme l'air, l'eau est indispensable à la végétation. C'est elle qui, en pénétrant dans le sol, lui donne l'humidité indispensable à la végétation. C'est elle qui décompose les engrais, dissout les éléments minéraux du sol; c'est elle qui apporte aux racines les éléments nutritifs qu'elle tient en dissolution, en même temps qu'elle détermine à la surface des feuilles une active évaporation qui, par le vide qu'elle produit, favorise l'ascension de la sève. Sans elle enfin, pas de germination des graines, pas de nutrition des plantes.

L'eau est un composé chimique et non un simple mélange, comme l'air; elle n'est formée que d'oxygène et d'hydrogène. Elle contient 2 volumes d'hydrogène et 1 volume d'oxygène en poids; elle est formée d'un équivalent de ces deux corps simples. Comme l'équivalent de l'oxygène est 8, celui de l'hydrogène 1, l'équivalent de l'eau est 9 ; ce qui veut dire que 9 grammes d'eau contiennent 8 grammes d'oxygène et 1 gramme d'hydrogène.

L'hydrogène est le plus léger de tous les gaz : il pèse quatre fois et demi moins que l'air. C'est pourquoi il est employé pour gonfler les ballons.

L'eau qui vient du ciel tombe sur le sol sous forme de pluie, de neige, de brouillard, de rosée. C'est l'eau météorique.

L'eau terrestre, c'est l'eau de source, de puits, de fleuve, de lac, de mer.

L'eau météorique, résultant de la condensation de la vapeur aqueuse contenue dans l'air, renferme naturellement les éléments de l'air solubles dans l'eau, c'est-à-dire de l'acide carbonique, de l'ammoniaque, de l'acide nitrique, libres ou combinés, et différentes matières salines : des chlorures de sodium, de potassium, de magnésium, des sulfates de soude, de potasse, de chaux de magnésie, des traces de phosphates de chaux.

On a calculé qu'en France la quantité d'eau qui tombe annuellement sur la surface d'un hectare est de 600 mètres cubes ou de 6 millions de kilogrammes. On a constaté que, dans un million de kilogrammes d'eau, on trouve de 22 à 26 kilogrammes de matières solides.

L'eau pluviale apporterait à la terre 28 kilogr. 6 d'ammoniaque par hectare, et 23 kilogrammes d'acide nitrique.

Une bonne fumure pour un hectare doit fournir 60 kilogrammes environ d'azote, ou :

28 kilogr. 2 d'ammoniaque fournis par
   l'eau de pluie, représentant........ 23^k,5 d'azote.
23 kilogr. d'acide azotique fournis par
   l'eau de pluie, représentant........ 6 ,5
                   Total..... 30^k,0 d'azote

soit 30 kilogrammes d'azote fournis par hectare par l'eau de pluie, ce qui représente une bonne demi-fumure. Les brouillards, les givres, la neige sont encore plus riches que l'eau de pluie.

M. Boussingault a trouvé de 3 à 6 milligrammes d'ammoniaque par litre d'eau fournie par deux rosées, et il estime que la quantité d'ammoniaque fournie par les seules rosées est de 24 kilogrammes par hectare.

Les brouillards sont encore plus riches en ammoniaque; on peut en juger par la mauvaise odeur qu'ils répandent.

La neige, comme les brouillards, renferme de l'ammoniaque; on connaît le proverbe : « Les brouillards et la neige qui durent engraissent la terre. »

La neige protège les plantes. Dans les contrées à hiver rigoureux, les plantes annuelles résistent à l'intensité du froid, quand elles sont recouvertes par la neige, qui est à la fois une couverture et un écran : une couverture parce que la neige, étant peu conductrice, s'oppose au passage de la chaleur et empêche la terre de se mettre rapidement en équilibre de température avec l'atmosphère ; un écran parce qu'en abritant le sol elle le soustrait au refroidissement qu'il ne manquerait pas d'éprouver par rayonnement.

Ce sont ces refroidissements nocturnes qui font périr un grand nombre de plants de blé d'automne, quand le champ n'est pas abrité, et malgré qu'on ait semé très dru.

L'eau contenue dans le sol, venant à se congeler, distend la terre et la soulève ; lorsque le dégel arrive, la glace fond, et il reste un petit espace vide ; si la gelée et le dégel se reproduisent plusieurs fois pendant l'hiver, les racines finissent par être complètement soulevées, quelquefois brisées, et le blé, déchaussé, cesse de pousser. Aussi ces alternatives sont-elles plus redoutables à cette plante qu'une seule gelée beaucoup plus forte et même prolongée.

Les eaux terrestres ont une composition qui dépend de la constitution géologique des terrains qu'elles traversent et dans lesquels elles se chargent des divers principes solubles que contiennent ces terrains. Elles renferment des substances gazeuses, des matières salines ou minérales, des matières organiques.

Les gaz qui se trouvent en dissolution dans l'eau sont ceux qui se trouvent dans l'air : l'oxygène, l'azote, l'acide carbonique et l'ammoniaque.

L'air dissous dans l'eau est plus riche en oxygène que l'air atmosphérique. L'analyse donne pour 100 volumes d'air dissous 33 volumes d'oxygène et 67 d'azote, au lieu de 21 et 79. C'est grâce à cette espèce particulière d'air que les plantes vivent, que les poissons respirent. Des plantes arrosées avec de l'eau bouillie privées d'air périraient.

La végétation chétive des contrées marécageuses est due au manque d'oxygène. En effet, les eaux stagnantes n'étant pas vivifiées par le mouvement perdent peu à peu l'oxygène qu'elles détiennent en dissolution ; privées de cet oxygène, elles croupissent et deviennent mortelles pour la plupart des plantes.

Nous savons l'utilité de l'acide carbonique, qui active la nitrification, rend soluble le carbonate de chaux et facilite ainsi l'assimilation des principes fertilisants des engrais.

Une eau contenant de l'acide carbonique en excès peut être nuisible, car elle se charge tellement de carbonate de chaux, qu'une fois en contact avec les racines une véritable incrustation obstrue les pores des radicelles ; alors l'eau ne peut plus pénétrer dans la plante pour lui porter des aliments dont elle a besoin.

L'eau contenant des sels calcaires est utile aux plantes, car on sait que la chaux est un des principes nécessaires à la vie des végétaux. L'opération du marnage le prouve surabondamment.

Les matières solides que les eaux tiennent en suspension déposent par le repos une vase qui peut former un bon engrais. Les dépôts formés par certains fleuves sur leurs rives, lors des crues, constituent des sols d'une extrême fertilité : la vallée du Nil, les rives du Rhône, de la Saône et de la Loire.

On nomme *colmatage* l'opération qui consiste à faire écouler des eaux limoneuses sur un terrain pour y déterminer un dépôt.

Si ce limon est siliceux, argileux ou calcaire, ses éléments seront plus ou moins ténus; il pourra modifier avantageusement les propriétés des terres trop fortes ou trop légères. On se rendra compte de toutes les différentes propriétés de l'eau lorsque, dans la suite de cet ouvrage, on aura étudié les différents sels qu'elle peut tenir en dissolution ou en suspension.

L'eau employée en irrigation. — Elle offre plusieurs avantages. Elle procure au sol dans la saison sèche et chaude la fraîcheur et l'humidité dont il a besoin pour entretenir la vigueur de la végétation.

Elle prévient dans la saison froide le trop grand refroidissement du sol et les effets des gelées blanches. Elle amène dans le sol des matières solides qui agissent comme amendement et peut modifier la nature du sol ou augmenter d'une manière sensible l'épaisseur de la couche végétale.

Mode d'emploi. — La quantité d'eau à employer

doit varier s'il s'agit de fournir strictement aux plantes la quantité d'eau dont-elles ont besoin pour acquérir un développement normal et parcourir les phases de leur existence. Dans ce cas, on n'emploie que des quantités d'eau assez restreintes, comme le font les agriculteurs de l'Algérie.

S'il s'agit de procurer à la terre des éléments propres à l'enrichir, on met en œuvre des masses d'eau énormes ; c'est le mode adopté dans nos départements de l'Est et du Nord.

Voyons d'abord ce qui se passe dans le midi de la France : l'eau d'irrigation, qui contient en moyenne 16 grammes d'azote par 10 000 litres, apporte annuellement dans une prairie 24 kilogrammes d'azote ; la fumure en fournit environ 122 kilogrammes : soit en tout 146 kilogrammes. Le foin récolté contient à peu près 184 kilogrammes d'azote ; par conséquent, l'eau et le fumier sont en déficit de 38 kilogrammes de cette substance qui sont fournis par les matériaux du sol. La culture des légumes donne un écart beaucoup plus considérable. Il est donc évident que l'eau employée dans des proportions restreintes, par exemple de 13 à 14 000 mètres cubes par hectare, donne des résultats insuffisants.

Dans le Nord et l'Est, des expériences ont été faites sur une prairie qui recevait des quantités énormes d'eau réparties plus abondamment en hiver qu'en été. En comparant, comme pour les expériences exécutées dans le Midi, la quantité d'azote contenue dans l'eau à son entrée et à sa sortie, on est arrivé aux résultats suivants : quantité d'azote fournie par l'eau : 261 kilogrammes. En procédant ainsi, non seulement on n'a pas besoin de fumure, mais on accumule dans le terrain un excédant d'azote.

Dans nos provinces méridionales, l'eau n'apporte aux plantes que l'humidité indispensable à leur vie et une petite quantité de matière fertilisante; dans les régions du Nord, l'eau devient une véritable source d'engrais.

On peut prévoir que, les différents cours d'eau contenant des quantités variables de matières minérales et organiques, leur effet doit être fort différent. C'est ce que la pratique vérifie chaque jour; ce n'est ni la quantité ni la nature des minéraux ou des gaz dissous dans l'eau, ni même l'abondance des matières organiques qui lui donnent la valeur comme engrais, mais la proportion d'azote contenue dans les matières organiques, et celle-ci peut varier pour des sources assez rapprochées de 2 à 6 pour 100.

L'irrigation a été appliquée avec beaucoup de succès dans le département de Vaucluse. Les 20 600 hectares sont soumis à l'arrosage, ainsi répartis :

6400 hectares en prairies permanentes.
8800   id.   en cultures maraîchères.
6200   id.   en cultures diverses : luzernières.
                 pommes de terre, haricots, vignes
                 submergées.

Sur les terres bien irriguées, on obtient en moyenne sept fois plus que sur les mêmes terres non soumises à l'irrigation. Avec 20 000 hectares irrigués, on obtient donc dans le département de Vaucluse l'équivalent du produit de 140 000 hectares non arrosés.

On a constaté dans le Vaucluse des récoltes de fourrages s'élevant jusqu'à 17 000 kilogrammes de foin à l'hectare dans des prairies de trois ou quatre coupes, et jusqu'à 19 000 kilogrammes dans des luzernières en cinq ou six coupes, et des produits dépassant une valeur de 3000 francs dans des cultures maraîchères.

Dans des vignes cultivées par la submersion, on a souvent récolté, malgré le phylloxera, plus de 100 hectolitres de vin à l'hectare.

Sur les 20 600 hectares arrosés, 4 200 seulement doivent l'irrigation à des efforts isolés, tandis que 16 400 hectares sont irrigués par 79 associations syndicales dont quelques-unes sont très considérables; on y lutte ainsi victorieusement par l'association contre le morcellement de la propriété.

Quelles richesses perdues par ces flots qui s'en vont dans la mer sans avoir rendu aucun service ni à l'agriculture, ni à l'industrie, ni au commerce. On peut juger de ce qu'on pourrait obtenir avec les lacs et les rivières lorsqu'on constate que, sur les 20 600 hectares arrosés dans le Vaucluse, le Rhône ne sert à irriguer que 80 hectares, tandis que la Durance et les canaux creusés de mains d'hommes qui s'y alimentent donnent une merveilleuse fertilité à 12 520 hectares; lorsqu'on constate encore que la seule fontaine de Vaucluse féconde 2500 hectares, lorsqu'on sait que les autres rivières, sources et torrents du département en fertilisent encore 5800 hectares.

Combien les prairies seraient plus fertiles si l'on dotait les plaines de canaux d'arrosage, et si l'on y complétait l'irrigation par le drainage, afin de transformer les marécages en jardins opulents.

Les riches vignobles sont menacés de ruine. Il n'y a qu'à planter des vignes dans les vallées; elles pourront facilement être cultivées par le procédé de submersion. Des canaux faciles à exécuter permettraient de créer ainsi une richesse qui remplacerait les ruines qui nous menacent.

Drainage. — Voici les principaux avantages du drainage. Il abaisse le niveau des eaux stagnantes à une profondeur suffisante pour qu'elles ne puissent plus nuire au développement des racines des plantes.

Il donne à travers la couche arable le passage des eaux pluviales et des éléments de fertilité qu'elles vont apporter sur le sol qui les reçoit.

Il donne à l'air le moyen de pénétrer dans le sol, jusqu'à la portée des racines et jusqu'au contact des engrais, dont il active la décomposition au profit des récoltes.

Il contribue à l'ameublissement des terres fortes; il augmente la chaleur du sol, en diminuant l'évaporation superficielle de l'eau, et par suite en atténuant le refroidissement que cette évaporation produit toujours.

Il augmente la fertilité du sol par suite d'une introduction plus facile, d'un transport plus régulier, d'une transformation plus avantageuse du gaz et des substances propres à contribuer au développement des plantes cultivées.

Enfin il produit une amélioration considérable dans l'état sanitaire des contrées où ces travaux sont exécutés sur une certaine étendue.

Le sol.

Comme nous venons de le voir, l'air et l'eau fournissent aux plantes le carbone, l'oxygène, l'hydrogène et l'azote. Si les plantes n'avaient pour vivre que l'air et l'eau, elles se développeraient, augmenteraient de poids, mais ne produiraient que des semences infécondes. Il faut donc aux plantes une autre source d'alimentation; cette source, c'est le sol.

Le sol, nous l'avons déjà dit, contient aussi de l'azote; mais, de plus, il fournit dix autres substances qui concourent à la formation des plantes. Ces dix substances, que nous allons apprendre à connaître et qui entrent dans la composition des plantes, sont : le *phosphore*, la *potasse*, la *chaux*, le *soufre*, la *magnésie*, la *soude*, la *silice*, le *chlore*, le *fer* et le *manganèse*.

On a divisé les terres en plusieurs groupes. Voici les principaux : terres argileuses, calcaires et sableuses.

Les terres argileuses sont celles qui sont essentiellement formées d'alumine, de silice et d'eau. La présence de l'alumine en quantité prédominante les fait appeler *terres alumineuses, terres glaises*. On les appelle aussi : terres humides, parce qu'elles s'égouttent lentement; terres froides, parce que, en raison de l'eau qu'elles retiennent, elles s'échauffent difficilement et donnent des récoltes tardives; terres fortes, terres grasses, parce qu'elles offrent de la résistance à la charrue, qu'elles ont un aspect gluant et qu'elles adhèrent aux instruments aratoires.

Les terres calcaires sont celles qui sont principalement formées de carbonates de chaux unis à de l'argile, de la magnésie. Ces terres ont des caractères opposés aux terres précédentes, elles sont plutôt sèches qu'humides.

Quand le carbonate de chaux est en excès, le terrain peut devenir complètement stérile.

Les terres sont dites sableuses, sablonneuses ou siliceuses quand elles sont surtout constituées par de la silice; ces terres sont maigres, peu tenaces et légères. Elles manquent souvent de chaux et d'alumine et ne fournissent aux plantes qu'une nourriture incomplète; elles ne les préservent pas de la sécheresse et ne les garantissent pas suffisamment des froids rigoureux; leur forme pulvérulente offre trop peu de consistance.

On voit, rien que par cette division sommaire des différents sols, qu'ils sont loin de contenir tous les aliments nécessaires à la végétation des plantes.

L'art des engrais consiste précisément à donner à chaque terre les éléments qui lui font défaut.

Toutes les plantes renferment des substances minérales qui sont indispensables à la constitution de leurs tissus et à l'accomplissement de leurs fonctions. Tant que le sol renferme en quantité suffisante et convenablement préparés les éléments minéraux dont elles ont besoin, elles se nourrissent facilement.

Mais si l'un ou quelques-uns des éléments minéraux indispensables viennent à manquer ou à se trouver en quantité insuffisante dans le sol, les conditions sont changées. La plante qui manque de potasse, de chaux, d'acide phosphorique trouve en vain auprès d'elle tous les autres éléments de ses tissus : ses fonctions de nutrition languissent; elle ne donne plus que de faibles produits.

Les sols épuisés manquent : 1° de matières azotées, 2° de phosphates de chaux, 3° de potasse, 4° de chaux. En restituant aux terres ces quatre substances, on leur rend la fertilité, c'est-à-dire qu'on donne aux plantes les matières premières, essentielles à leur nutrition. Et le fumier de ferme doit ses propriétés fertilisantes surtout à ce qu'il renferme ces quatre substances.

M. Liebig a émis cette opinion que les engrais agissent sur la terre cultivée principalement en lui restituant les principes minéraux qui lui sont enlevés par les récoltes. Il avait même proposé de recourir presque exclusivement à des engrais minéraux dans la grande culture.

M. G. Ville a repris cette théorie et l'a précisée davantage. Pour lui, les substances minérales dont se composent les engrais chimiques sont les agents essentiels de la fertilité du sol. On peut, en les employant rationnellement sur des terres dans de bonnes conditions, obtenir les meilleures et les plus abondantes récoltes et conserver à la terre en quelque sorte indéfiniment sa fécondité sans recourir au fumier de ferme.

Pour atteindre ce résultat, il faut seulement remplir deux conditons : connaître exactement la composition du sol que l'on cultive, afin de pouvoir lui donner les éléments qui lui manquent; connaître aussi les besoins des plantes que l'on confie à la terre, afin de leur offrir sous une forme assimilable les principes qui leur sont nécessaires.

Les quatre aliments essentiels à la plante : l'acide phosphorique, la potasse, la chaux et l'azote, ne sont pas nécessaires au même titre à toutes les plantes cultivées; chacune a des besoins particuliers. Ainsi la culture des navets épuise la terre de phosphate de chaux ; celle des légumineuses fourragères réclame de la potasse. Le froment, le colza, la betterave empruntent surtout à la terre la substance azotée.

M. Ville donne le nom de dominante à la substance que chaque culture exige plus spécialement. Dans une terre qui est riche par des fumures, et surtout dans une terre qu'on vient de fumer avec de l'engrais de ferme, on peut se contenter, pour obtenir une bonne récolte, de donner simplement à la terre la dominante réclamée par la culture qu'on doit entreprendre.

Mais pour une terre infertile ou épuisée, à laquelle on ne donnerait pas de fumier, il faudrait nécessairement composer un engrais chimique complet, apte à fournir à la plante l'acide phosphorique, la chaux, la potasse, l'azote, qui n'existent dans le sol qu'en proportion insuffisante.

Les quatre corps que nous venons de citer sont fournis aux végétaux par le phosphate acide de chaux, le sulfate de chaux, le nitrate de soude, le nitrate de potasse et le sulfate d'ammoniaque. Les noms de ces sels indiquent assez la substance que chacun d'eux est chargé de fournir.

Ainsi, si l'on veut entretenir la fécondité du sol à peu près exclusivement à l'aide des engrais chimiques, il faut lui rendre sans cesse des quantités d'acide phosporique, de potasse et de chaux supérieures à celles qui lui seraient enlevées par les récoltes.

Quant à l'azote, il n'est pas nécessaire de le donner en si grande quantité puisque les plantes ne l'empruntent pas uniquement au sol, et que nous avons vu qu'elles se nourrissaient aussi de celui qui est contenu dans l'atmosphère, dans l'eau de pluie, dans la neige. M. Ville estime qu'on peut se contenter de rendre à la terre, à chaque rotation, 50 pour 100 environ de l'azote que les plantes ont assimilé.

D'après M. Ville, on pourrait sans fumier rien qu'avec des engrais chimiques entreprendre de cultiver des terres infertiles ou épuisées avec chance de succès. Et il serait permis d'arriver ainsi à renverser l'ordre préconisé jusqu'ici et à commencer par faire du blé pour avoir un bénéfice d'abord, puis de la paille et enfin du fumier. On pourrait de la veille au lendemain faire passer une culture précaire au régime le plus intensif et par conséquent obtenir, au lieu d'un profit médiocre, un bénéfice élevé.

Les engrais chimiques sont d'un grand secours en agriculture ; mais aller jusqu'à prétendre qu'avec eux on peut se passer de fumier, cela paraît exagéré.

Des expériences comparatives entre la valeur des engrais et des fumiers ont été faites à l'école de Grignon sous la direction de M. Déhérain. Les résultats obtenus ont été à l'avantage du fumier. Il a été reconnu que dans un sol comme celui de Grignon les superphosphates n'exercent aucune action favorable sur le maïs, la betterave, l'avoine et la pomme de terre ; mais cela ne prouve pas que les superphosphates soient inutiles ; cela démontre seulement que le sol de Grignon n'en a pas besoin. Cela prouve aussi qu'il ne faut pas employer les engrais minéraux sur n'importe quel sol, sans savoir ce qu'il lui manque.

Un des grands avantages des engrais chimiques, c'est de pouvoir être dosés pour ainsi dire mathématiquement, c'est de permettre au cultivateur de donner à son sol les éléments dont il a besoin en quantité aussi faible et aussi élevée qu'il le veut, et d'être employé, au moment même des semailles, ce qui est parfois utile quand le mauvais temps et les pluies persistantes du printemps ont empêché de confier en temps voulu les autres engrais.

Mais voici les inconvénients que présentent les engrais minéraux. En raison de leur solubilité, il peut arriver qu'ils soient absorbés en grande partie pendant les premières phases de végétation, et qu'ensuite il n'en reste plus assez pour fournir aux plantes tout ce dont elles auraient besoin pour achever de former leurs fruits, leurs graines ou leurs autres produits sur lesquels compte le cultivateur. Souvent aussi, les corps

solubles dont se composent les engrais chimiques peuvent être entraînés par les eaux et ne porter aucun profit à celui qui les emploie.

Autres inconvénients. — Quelques cultivateurs, émerveillés de certains résultats obtenus au moyen d'engrais chimiques, tels que nitrate de soude et sulfate d'ammoniaque, qu'on employait au printemps comme complément à une demi-fumure de fumier de ferme, ont pensé pouvoir remplacer ce dernier par une dose plus élevée de ces produits ; le résultat qu'ils ont obtenu fut d'abord une récolte abondante en betteraves ou en blé ; mais les betteraves, surtout celles fumées exclusivement avec du nitrate de soude, étaient de mauvaise qualité et furent refusées par un fabricant de sucre ou acceptées avec des tares considérables.

M. Ladureau, l'habile chimiste de la station agronomique de Lille, rapporte que, par suite de l'emploi de ces engrais, les terres subirent une modification profonde, qui se fit sentir durant plusieurs années et à laquelle on ne put que très difficilement remédier. Cette modification consistait en ce que, la matière humique étant complètement brûlée, l'argile, le sable et les substances minérales proprement dites s'agglomérèrent sous l'influence des pluies d'hiver, le sol se tassa, devint blanchâtre et presque complètement imperméable à l'air, à l'eau et à la lumière.

Cet effet est beaucoup plus sensible et plus rapidement produit par l'emploi de doses exagérées de nitrate de soude que par celui de sulfate d'ammoniaque.

L'abus des engrais azotés dans une terre riche donne des betteraves ayant peu de sucre, des blés qui poussent en herbe, des lins et des tabacs de mauvaise qualité.

Les engrais azotés sur les légumineuses, telles que fèves, trèfle, luzerne et sainfoin, constituent une dépense généralement inutile. L'abus des phosphates et des sels potassiques a moins d'inconvénients, mais c'est encore une dépense inutile.

Il résulte de toutes ces observations que les cultivateurs ne doivent pas employer exclusivement les engrais chimiques, mais ils ne doivent pas non plus les repousser d'une manière absolue; il est nécessaire, au contraire, qu'ils en emploient autant qu'ils pourront pour compléter l'insuffisance du fumier, surtout quand on fait de la culture intensive.

Avant d'aborder l'étude spéciale des engrais minéraux, nous rappelons ce que nous avons déjà dit, que ces engrais n'agissent que s'ils sont solubles; alors ils sont absorbés par les racines des plantes, charriés dans leurs vaisseaux au moyen de l'eau ou de la sève qui les tient en dissolution et les dépose dans les différents organes.

Les engrais servent aussi bien au développement des racines que des feuilles; mais les plantes annuelles, eu égard à la quantité qu'elles doivent recevoir, sont beaucoup plus dépendantes de la nature du sol et des influences atmosphériques que les plantes vivaces; le développement de toutes les parties d'une plante annuelle dépend entièrement d'un espace de temps déterminé et relativement court; sa croissance n'est complète que quand les conditions extérieures sont aussi avantageuses que l'état du terrain sur lequel on la cultive.

Pour les plantes vivaces qui forment les gazons et les herbes des prairies, la formation des pousses souterraines est de la plus grande importance; elles maintiennent la végétation, elles sont surtout néces-

saires dans la plupart des circonstances où le défaut
de substances nutritives ou bien toute autre cause porte
préjudice aux végétaux annuels. Ces racines croissent
sous terre pendant une série d'années, jusqu'à ce que
ces plantes soient, à la fin, parvenues à réunir les
conditions nécessaires à leur développement complet.

C'est là-dessus qu'est basée la durée de la végétation de nos prairies. La garantie de leur production,
quels que soient la température et l'état du sol, repose
sur le grand nombre de plantes qui se sont mainte-
nues à un degré de développement peu avancé.

La prévoyance admirable de la nature a assuré la
durée des plantes, qui couvrent constamment le sol
d'un tapis de verdure ; elle l'a assurée par la succes-
sion et le changement des espèces, et, dans la culture
des plantes annuelles qui servent à la nourriture des
hommes et des animaux, l'agriculteur, en changeant
les plantes sur le même champ, ne fait que se sou-
mettre à une loi de la nature.

L'espace d'où les plantes vivaces tirent leur nourriture s'agrandit tous les ans ; lorsque leurs racines
sont dans une place où elles ne trouvent que peu de
substances nutritives, elles en atteignent bientôt une
autre qui leur fournit ce dont elles ont besoin.

La plante annuelle perd chaque année ses racines ;
la plante vivace conserve les siennes toujours prêtes
à absorber leur nourriture en temps opportun ; plusieurs conservent aussi leur tige, dans laquelle s'amas-
sent toutes les parties nutritives non encore absorbées
et qui doivent servir aux besoins futurs des feuilles
et des bourgeons ; aussi les plantes vivaces prospè-
rent-elles sur un sol relativement pauvre, sur lequel
les plantes annuelles auraient besoin que la main de
l'homme leur présentât un supplément de nourriture.

Les plantes annuelles ne peuvent se succéder sur le même sol sans finir par l'épuiser. Dans les rotations de culture, on fait avantageusement succéder les plantes vivaces aux plantes annuelles, et réciproquement.

Une plante annuelle dépense d'autant moins de ce que peuvent lui fournir les substances contenues dans l'atmosphère qu'elle se rapproche davantage par sa nature même des plantes vivaces.

Tant qu'une plante produit de nouvelles feuilles, elle possède toujours la faculté de puiser dans l'air l'acide carbonique et l'ammoniaque, et plus elle puise dans l'atmosphère, moins elle doit enlever à la terre de ces éléments.

LES MINÉRAUX

Chaux.

La chaux s'obtient de pierres dites calcaires. Ces pierres sont formées de chaux et d'acide carbonique combinés. En les soumettant à l'action de la chaleur, l'acide carbonique se dégage et la chaux reste seule; c'est ce qui se produit dans les fours à chaux. Cette chaux, abandonnée à l'air humide ou mêlée à de petites quantités d'eau, se gonfle, se fendille, puis se réduit en une poudre impalpable (farine de chaux).

La qualité des chaux obtenues varie avec la nature des calcaires dont elles proviennent. Les calcaires très purs donnent une chaux qui se gonfle et se boursoufle, foisonne aussitôt qu'elle est mise en contact avec l'eau; l'élévation de température est considérable. Cette variété est désignée sous le nom de chaux grasse.

Les calcaires qui renferment une portion notable de sable donnent des chaux qui foisonnent beaucoup moins que les précédentes ; elles n'augmentent pas de volume de la même façon. On les désigne sous le nom de chaux maigres.

On appelle chaux hydrauliques celles qui sont fournies par les calcaires qui renferment une proportion notable d'argile.

Lorsque la chaux contient de la magnésie dans une grande proportion, on la nomme chaux magnésienne.

Amendements calcaires.

On sait qu'un sol, pour être fertile, en dehors des matières organiques de l'humus et des engrais, doit contenir une certaine quantité de chaux ; quand il n'en renferme que peu ou point et qu'on lui en fournit, on amende le sol ; mais il faut remarquer cependant qu'on chaule encore avec avantage des terres dans lesquelles il existe une quantité de chaux suffisante pour subvenir aux besoins des plantes pendant de longues années.

Les nombreuses expériences de M. Boussingault ont démontré que l'introduction de la chaux dans le sol favorise la formation de l'ammoniaque. Sans doute la chaux ne crée pas l'ammoniaque, mais elle la développe en réagissant sur des matières organiques azotées stables.

Les principes dominants du terreau tels que les acides bruns, les substances carbonatées analogues à la tourbe, sont azotés, et, lorsqu'on les chauffe avec de la chaux éteinte, ils donnent de l'ammoniaque bien que dans leur constitution il n'entre pas toujours de sels ammoniacaux ; il est par conséquent permis de présumer que ce qui arrive à une température élevée doit aussi arriver dans un champ chaulé à la température ordinaire, quoique beaucoup plus lentement.

Le chaulage à faibles doses fréquemment répétées est le procédé qui réussit le mieux ; l'ammoniaque ainsi développée revient à un prix assez modéré.

La chaux donnée annuellement à raison de 12 quintaux par hectare produirait, d'après les expériences de M. Boussingault, en moyenne 38 kilogrammes d'ammoniaque. Ces résultats semblent justifier la pratique du saupoudrage que dans certaines contrées on exécute après les labours au moment des semailles ; car alors, sous le rapport de l'ammoniaque formée par ce faible chaulage, c'est comme si l'on eût répandu sur le sol 3 ou 4 quintaux de guano.

La chaux n'a pas que l'avantage restreint de former de l'ammoniaque. M. Paul Thenard a reconnu que la fermentation particulière qui se développe dans le tas de fumier y déterminait la production d'un acide carbazoté qu'il a désigné sous le nom d'acide fumique. Or cet acide a la propriété de se fixer à l'état insoluble dans les terres où existe l'élément calcaire, ce qui explique l'utilité des amendements à base de chaux pour les terrains pauvres tels que la Bretagne, la Sologne, les Landes, le Charolais, le Morvan, les Dombes qui emploient habituellement des fumiers très consommés, qui seraient cependant bientôt délavés par les eaux, si le sol ne renfermait pas l'élément calcaire qui sert à fixer l'acide carbazoté.

L'excès de chaux rend les phosphates solubles, et les phosphates ont sur la végétation une action des plus marquées, tellement qu'il suffit de les ajouter à un sol qui en est privé pour donner une fertilité moyenne ; donc, il est très important pour le cultivateur de rendre assimilables les phosphates enfouis dans le sol; donc, il est utile d'employer des amendements de chaux ou de marne.

On a attribué à la chaux bien d'autres propriétés encore :

1° Elle attaque la matière organique qui constitue le terreau et accélère sa décomposition.

2° Elle absorbe l'acide carbonique de l'air et du sol et se transforme ainsi en carbonate.

3° Elle opère sur les sels fixes d'ammoniaque provenant des matières organiques et donne par là naissance à des carbonates volatils.

4° Elle fournit aux plantes de l'acide carbonique.

5° Elle met en liberté les bases de certains composés de potasse et de soude.

6° Elle se combine avec les acides tannique, gallique, etc., contenus dans les débris organiques des terres tourbeuses et des terres de bruyères, neutralisant par là leur acidité.

7° Elle détruit par sa causticité certains œufs et certaines larves d'insectes nuisibles, et une quantité de mauvaises plantes, etc., etc.

Quant à l'action de la chaux sur les différents terrains, on prévoit qu'elle convient principalement à ceux qui en manquent; elle produit, en conséquence, des effets remarquables sur les sols argileux, les terres siliceuses fraîches, les sols tourbeux des bruyères et des landes qui sont fortement chargés de fer et de terreau acide. La chaux exerce son maximum d'action sur les terrains granitiques, car elle les désagrège et met en liberté la potasse qui entre pour une large part dans leur constitution.

Les terres où croissent la fougère, le genêt, la bruyère, l'ajonc marin, la digitale, la petite oseille, les joncs, doivent toujours être chaulées, quand l'emploi de la chaux est possible dans les contrées où ces plantes végètent.

L'action de la chaux sur les plantes est remarquable, surtout sur le blé, les vesces, les pois, les pommes de terre, les plantes crucifères, le colza, la navette, les trefles rouge, jaune et blanc, la luzerne, le raygrass, etc.

Chaulage.

Le chaulage est pratiqué de bien des manières différentes suivant les localités.

Ici, on conduit la chaux sur le champ, on la dispose en petits tas éloignés les uns des autres de 6 à 7 mètres, et, quand elle est éteinte et réduite en poussière sous l'action de l'atmosphère, on la répand à la pelle aussi uniformément que possible, par un beau temps.

Là, elle est disposée de la même manière, puis recouverte d'une couche de terre de 16 à 30 centimètres d'épaisseur et abandonnée ensuite à elle-même ; quand elle frise, elle augmente de volume, on bouche les fentes ou crevasses qui se font dans la terre qui l'enveloppe, on reforme les tas, et huit jours après on renouvelle cette opération et on répand le mélange à la surface du sol.

Dans la Mayenne et l'Anjou, le procédé suivi consiste à faire des composts de chaux et de terre auxquels on ajoute un peu de fumier. A cet effet, on laboure ou on pioche les forières cheintres ou ceintures des champs qui doivent être chaulées. La terre et les gazons provenant de ce travail, auxquels on ajoute des curures de fossés, de mares ou d'étangs, sont disposés en forme de prisme ou de tombe, puis abandonnés à eux-mêmes afin qu'ils puissent se mûrir. Quand le prisme a été plusieurs fois remanié, on ménage, à sa partie supérieure, une tranchée ou rigole jusqu'au tiers de l'épaisseur du tas, dans laquelle on dépose la chaux qu'on recouvre aussitôt de terre pour que les eaux pluviales ne le pénètrent pas. Quatre ou huit jours après, selon que la terre est plus ou moins humide, on remue le tas et on le reforme ; quinze jours après cette opération, on remue une seconde fois et on reforme encore le prisme ; cette opération est la dernière qu'on fait subir au compost.

Lorsqu'on fait entrer du fumier dans les composts, on l'incorpore à l'état frais quand la chaux est éteinte et que le mélange de la chaux et de la terre a eu lieu. Lorsque l'extinction de la chaux n'a pas eu lieu, les matières animales et végétales sont promptement détruites. Quand on veut appliquer le compost de chaux, ce qui n'a lieu quelquefois qu'un an après sa confection, on le conduit sur les champs après les avoir labourés et hersés, et on le dispose en petits tas réguliers et espacés les uns des autres. Le volume des tas varie selon la quantité de chaux appliquée par hectare et le volume de terre avec laquelle elle a été mélangée. On met ordinairement par hectare 20 hectolitres de chaux, 20 à 25 mètres de fumier et 15 à 20 de terre, soit environ 60 mètres qui se réduisent à 55 mètres environ En adoptant un espacement régulier de 7 m. 50 ou 200 tas à l'hectare, le volume de chaque tas est de 275 décimètres cubes.

Dans la Flandre, la Normandie, la Picardie, ces composts sont formés un peu différemment. La terre destinée au mélange, accumulée sur un point du champ, étant suffisamment mûrie, on amène la chaux; on dispose une couche de terre de 20 à 25 centimètres qu'on couvre d'un lit de chaux; on fait une deuxième couche de cette nature, puis une troisième jusqu'à une hauteur de 1 m. 50. Le tas est remanié ensuite une ou deux fois de huit en huit jours.

Une main-d'œuvre coûteuse est l'inconvénient de ces procédés. Un moyen plus économique, employé en Normandie, consiste à prendre dans une terre riche, gazonnée, sur une partie élevée du champ, une bande de 2 à 3 mètres qu'on refend légèrement à la charrue; sur ce labour on répand une couche de chaux, puis avec la charrue on endosse la planche. Plus tard, on répand encore une couche de chaux et on endosse sur le premier endos, de manière à faire un billon élevé. La même opération se renouvelle quelquefois une troisième fois; enfin on refend le billon par deux ou trois tours de charrue; on enveloppe les pieds du cheval qui fait l'opération. Le mélange s'achève en chargeant dans le tombereau.

La chaux éteinte en poussière ou les composts terreux doivent être enterrés par des labours superficiels et suivis par un ou plusieurs hersages.

Quantité de chaux employée par hectare. — En Angleterre, on emploie jusqu'à 500 hectolitres; — en Allemagne, 10 à 15 tous les quatre ans; — en France: Calvados, tous les 4 ou 5 ans 60 à 80 hectolitres; Ain, tous les 9 ans 80 à 100 hectolitres; Nord, Mayenne, Vendée, tous les ans 30 à 40 hectolitres; Sarthe, tous les trois ans 8 à 10 hectolitres; moyenne générale en France, 5 à 6 hectolitres par an.

Valeur commerciale. — La chaux se vend de 1 à 2 francs l'hectolitre ; cependant, dans quelques localités, elle ne coûte que 50 à 75 centimes.

Falsification. — En général, la chaux ne donne lieu à aucune fraude ; néanmoins, dans certaines localités, on vend, au prix des chaux grasses, des chaux maigres, dont le prix doit diminuer proportionnellement à la richesse. On vend aussi des chaux hydrauliques et qui, en présence d'un sol mouillé, deviennent dures comme des cailloux.

Si la chaux ne subit guère de falsification, il arrive qu'on y trouve du sable, de l'argile, quelquefois aussi une assez forte dose de magnésie, et ce n'est pas ce qu'il y a de plus mauvais, car on sait que les récoltes contiennent toujours de la magnésie. Néanmoins, la chaux doit toujours être payée en raison de sa pureté ; de plus, le cultivateur devra savoir que l'argile en trop grande proportion peut avoir l'inconvénient de rendre la chaux hydraulique. Il devra savoir également que les bonnes pierres à chaux renferment de 50 à 60 pour 100 de chaux.

Marne.

« *Je te conseillerai de retenir l'exemple d'un bon père de famille normand, lequel habitoit à une paroisse de Normandie, qui prenoit grand'peine à cultiver ses terres, et néanmoins il étoit contraint toutes les années d'aller acheter du blé hors de la paroisse ; car toute ladite paroisse étoit infertile, et ne se trouvoit nul qui cueillist du blé pour sa provision, et, quand il venoit une cherté et que les hommes de ladite paroisse alloient acheter du blé en la prochaine ville, les autres paroisses la maudissoient, disant qu'ils étoient cause d'enchérir le blé.*

« Il advint que ce bon père de famille s'advisa quelque jour de prendre son chapeau plein d'une terre blanche qu'il trouva dedans une fosse et la porta en quelque endroit d'un champ qu'il avoit semé et marqua l'endroit où il avoit mis ladite terre, et quand les semences furent accrues, il trouva que le blé étoit espois, vert et gaillard, sans comparaison, plus qu'en toute autre partie du champ; quoi voyant, le bonhomme fuma l'année suivante tous ses champs de ladite terre, lesquels rapportèrent des fruits abondamment, et, après que ses voisins et tous les habitants de ladite paroisse furent advertis d'un tel fait, ils firent diligence de trouver de ladite terre de marne, et, en ayant fumé leurs champs, ils recueillirent plus abondamment des fruits que nulle paroisse.

« BERNARD PALISSY. »

Telle fut la découverte de l'utilité de la marne, variété de calcaire qui a la propriété de se déliter dans l'eau et de se réduire en poudre par l'effet de la gelée. Le premier essai qu'on doit tenter sur une pierre calcaire, pour reconnaître si elle peut être utilisée comme marne, est donc de voir comment elle se comporte dans l'eau : si elle reste dure et compacte, elle ne peut être utilisée qu'après cuisson; si, au contraire, elle se délite, elle peut être considérée comme marne.

Variétés de marne. — Les substances qui sont mélangées au calcaire et qui lui donnent la propriété de se désagréger dans l'eau sont assez nombreuses, et, suivant que l'une ou l'autre de ces substances domine, les marnes ont reçu des noms différents.

C'est ainsi qu'on désigne sous le nom de *marnes calcaires* celles qui renferment au moins 50 et au plus 90 à 95 pour 100 de carbonate de chaux, le reste étant de l'argile ou un mélange d'argile et de sable. Cette variété de marne convient particulièrement aux terres dépourvues de carbonate de chaux.

Les *marnes argileuses* sont celles qui contiennent de 10 à 50 pour 100 de calcaire, de 50 à 75 pour 100 d'argile, le reste étant du sable. Ces marnes sont bonnes dans les terres légères, surtout dans les terrains siliceux.

On emploiera de préférence dans les terres fortes les marnes siliceuses, qui renferment de 10 à 50 pour 100 de calcaire, de 25 à 75 pour 100 de sable, le reste étant de l'argile.

Les *marnes magnésiennes* sont celles qui contiennent de 5 à 30 pour 100 de carbonate de magnésie. Elles sont assez rares en France, plus abondantes en Angleterre.

Elles ont une action spéciale, qui est loin d'être élucidée.

Marnes gypseuses. — On rencontre quelquefois des marnes mélangées à une petite quantité de gypse; leur effet est surtout sensible sur les prairies artificielles.

La marne agit surtout par le calcaire qu'elle renferme; il importe donc, pour se rendre compte de sa valeur, de déterminer la quantité de ce calcaire. Le cultivateur pourra lui-même, ou avec l'aide d'un pharmacien, faire cette analyse, qui est très simple.

On met dans un verre, avec de l'eau, 10 grammes de marne pesés sur une balance de précision; on verse doucement dans le verre de l'acide chlorhydrique. Cette substance chasse l'acide carbonique du calcaire et forme avec la chaux un sel qui se dissout dans le liquide. L'effervescence terminée, on fait passer la liqueur à travers un filtre de papier placé dans un entonnoir de verre. Le dépôt qui reste sur le filtre contient toute la substance de la marne, moins le calcaire, dont le poids dès lors sera connu si l'on pèse exactement ce dépôt.

Pour y parvenir, on laisse sécher le filtre et on le brûle dans un creuset fermé. On pèse alors le dépôt, qui reste seul au fond du creuset, et, en extrayant cette pesée des 10 grammes sur lesquels on opère, on connait par différence le poids du calcaire.

Il s'agit ensuite de déterminer celui de l'argile. Sachant que cette substance se compose d'alumine (oxyde d'aluminium), de silice, d'oxyde de fer et d'eau, et que l'alumine entre pour un tiers dans sa composition, on résoudra ce deuxième problème, on parviendra à déterminer le poids de l'alumine.

Pour cela, on fera bouillir avec de l'acide sulfurique dans un ballon de verre le dépôt obtenu précédemment. Au bout d'une heure, l'alumine se trouve dissoute; alors on filtre la liqueur; on fait sécher, puis brûler le filtre; on pèse le dépôt. La différence qui existe entre ce deuxième dépôt et le premier exprime le poids de l'alumine, lequel, étant triplé, donne celui de l'argile.

Indépendamment de leur action par le principe calcaire, les marnes argileuses, considérées comme amendement, sont favorables aux terrains sablonneux, qu'elles rendent moins inconsistants, et aux limons, dont elles affaiblissent la tendance à se rebattre par l'effet des pluies.

Quant aux marnes sablonneuses et à celles qui sont très calcaires, elles donnent une heureuse friabilité aux terres compactes; mais, à trop fortes doses, elles pourraient nuire aux terrains légers.

L'action principale de la marne, celle qui vient de l'apport du calcaire, dure jusqu'à ce que cette substance, qui se dissout plus ou moins lentement suivant la nature des marnes, ait été absorbée par les végétaux; l'effet est senti parfois pendant trente ans.

La quantité de marne à employer par hectare varie suivant la nature du sol et de la marne ellemême. Un sol argileux en recevra plus qu'un sol sableux; une terre à couche arable profonde, plus que celle qu'on laboure superficiellement. La dose sera d'autant plus considérable que la marne sera moins calcaire.

Dans le nord de la France, on emploie depuis 30 jusqu'à 1200 mètres cubes par hectare, quelquefois plus dans les sols à betterave profondément défoncés.

En Sologne, où cet amendement est indispensable, il est très cher (3 à 4 francs le mètre cube); on emploie de 15 à 20 mètres, contenant de 50 à 70 pour cent de calcaire. En Sologne, la marne a rendu fertiles les landes autrefois absolument stériles.

Sa place dans la rotation est ordinairement sur jachère, sur trèfle enfoui, sur des plantes-racines fumées.

Mais aucune marne n'aurait d'effet immédiat si, au moyen de cultures multipliées, on ne la mélangeait intimement avec la terre; le mieux est de la répandre sur le sol avant ou pendant l'hiver, afin que les gelées contribuent à la déliter.

Cultures qui suivent les marnages. — Lorsque les marnages *ont été bien appliqués*, il est fort peu de plantes agricoles qui ne végètent ensuite avec une vigueur très marquée.

L'avoine réussit très bien après un marnage; elle est même la seule graminée alimentaire qui puisse être cultivée après cette opération.

L'orge se plaît beaucoup sur les terres marnées, mais à faible dose.

Le trèfle, la luzerne, le sainfoin et en général toutes les légumineuses réussissent très bien après un marnage suivi ou précédé d'une fumure. Il existe beaucoup de localités en Picardie où l'application des marnes est suivie d'une culture de pois ou de vesces.

Les pommes de terre réussissent aussi sur un sol nouvellement marné.

Le pommier lui-même, quoi qu'on en ait dit, est plus beau dans les terrains marnés que dans ceux qui ne l'ont pas été.

La marne, enfin, peut être utilisée pour régénérer ou améliorer les prairies naturelles et artificielles. En Angleterre, on l'applique souvent sur les terres en herbages, et ses effets sont toujours très remarquables lorsque les prairies ne sont pas humides.

Les colzas-choux ont toujours une végétation très remarquable sur les terrains marnés et fertiles.

Terminons, comme nous avons commencé, en citant Bernard Palissy.

« La marne est un fumier naturel et divin, ennemi de toutes les plantes qui viennent d'elles-mêmes, et génératrice de toutes les semences qui ont été mises en terre par les laboureurs. »

Faluns.

Les faluns sont des dépôts marins, des coquillages fossiles plus fertilisants encore que la marne, en raison des principes azotés et phosphorés qu'ils renferment.

D'après MM. I. Pierre et Bobière, les faluns d'Indre-et-Loire renferment de 68 à 75 pour 100 de calcaire, 25 de sable, des sels solubles ou phosphate de chaux, des matières organiques ; on emploie 10 à 60 mètres cubes par hectare de cet amendement, qu'on peut ranger parmi les marnes calcaires siliceuses. On en trouve dans l'Indre-et-Loire, à Saint-Maure ; leur emploi y est assez important ; on le vend après son extraction 2 francs à 2 fr. 20 le mètre cube. On en trouve sur quelques points des Landes, de Maine-et-Loire, de Seine-et-Oise, à Grignon, où il repose sur une couche crayeuse perméable.

Sables de mer.

D'autres engrais analogues, d'une qualité toute particulière, sont, dit M. Gossin, les vases et sables marins, dont on tire chaque année plus de 10 milions de mètres cubes sous le nom de merl, de tangue ou de trez, sur les côtes de Bretagne et de Normandie. Déposées régulièrement par la mer sur certains points de la plage, ces matières sont pour les contrées voisines une richesse des plus précieuses. En Angleterre, le chemin de fer de Padstow a été spécialement construit pour faciliter le transport de substances semblables.

ENGRAIS MINÉRAUX SULFATÉS A BASE DE PLATRE

Plâtre ou gypse, sulfate de chaux.

Il y a vingt ans, on employait encore beaucoup le plâtre en agriculture, et avant cette époque l'usage en était tel qu'en 1835 on exploitait en France la pierre à plâtre dans trente-huit départements. C'était une sorte d'engrais universel, qui aujourd'hui nous semble trop délaissé. Il est reconnu en effet que le plâtre favorise la végétation des légumineuses, auxquelles il fait produire d'énormes quantités de fourrages.

Ce fut vers le milieu du xviiie siècle qu'un ministre protestant de la principauté de Hohenlohe, le pasteur Mayer, étudia les effets du plâtre, d'après les renseignements qu'il reçut de Hehln, en Hanovre, où déjà on l'employait comme amendement.

En propageant par son exemple et par ses écrits l'usage jusque-là si borné du plâtre, Mayer rendit un véritable service à l'agriculture. De toutes parts on essaya le plâtre. Tschiffeli en Suisse, Schubart en Allemagne firent connaître sur l'amélioration des prairies par le plâtre des expériences assez décisives pour porter la conviction dans les esprits les plus incrédules.

De la Suisse, l'usage de cette matière s'introduisit bientôt dans le Dauphiné, le Lyonnais et dans le nord de la France. Franklin en popularisa l'emploi en Amérique, en traçant avec de la poudre de plâtre sur un champ de trèfle ces mots : « Ceci a été plâtré. »

Quelque temps après, les parties de trèfle qui avaient reçu du plâtre contrastaient par leur vigueur avec celles qui ne l'avaient pas été et rendaient apparentes la phrase écrite avec la poudre fertilitante. Les Américains ne tardèrent pas à venir chercher à Montmartre du plâtre pour fertiliser leurs prairies artificielles.

En France, une enquête fut ouverte en 1825. Tous les cultivateurs furent appelés à donner leur opinion sur les effets du plâtre. Il est résulté de l'ensemble de leur observation que le plâtre est d'un effet utile sur les prairies artificielles et nul sur les céréales; qu'il ne peut remplacer les engrais organiques ni l'humus du sol arabe ; que la récolte de trèfle, de luzerne et de sainfoin est remarquablement augmentée par l'addition du plâtre.

Les savants se sont alors préoccupés de savoir pourquoi le plâtre agit favorablement sur les prairies artificielles.

On sait que le plâtre est composé de 58,5 d'acide sulfurique, de 24,5 de chaux. A l'état naturel, il contient 20,78 0/0 d'eau.

Liebig proposa une explication, qui fut longtemps acceptée et qui consistait à considérer le plâtre comme propre à fixer l'ammoniaque qui tend à s'échapper sous forme gazeuse du sein de la terre après y avoir été apportée par l'eau des pluies ou après s'y être formée par suite de la décomposition des matières organiques.

Dans cette théorie, le sulfate de chaux et le carbonate d'ammoniaque étant en présence, une double décomposition avait lieu, et il se formait du carbonate de chaux et du sulfate d'ammoniaque. Ce dernier sel non volatil pouvait alors se conserver dans le sol, où il était dissous et pris par les racines des plantes, dans lesquelles il faisait ainsi pénétrer l'azote assimilable.

Malheureusement pour cette théorie, il est reconnu que le plâtre est presque sans action sur les céréales, qui, au contraire, absorbent très bien les engrais azotés. Donc, si le plâtre se décomposait, comme le dit Liebig, et formait du sulfate d'ammoniaque assimilable, il devrait être absorbé par les céréales.

M. Kuhlmann supposait que le plâtre en présence des matières azotées formait des azotates alcalins, c'est-à-dire de potasse, soude, chaux, magnésie, etc., solubles, que les céréales absorbaient. Cette théorie n'est pas exacte, pour les mêmes raisons que la précédente. M. Boussingault a émis l'idée que le plâtre agit utilement sur les prairies artificielles en portant de la chaux dans le sol.

Voici la dernière explication qui a été fournie par M. Dehérain, professeur de chimie à Grignon.

Le plâtre ferait pénétrer dans les plantes de la potasse qui provient du sol, où elle existe à l'état de carbonate soluble et où cependant elle ne serait absorbée qu'en faible proportion en l'absence du sulfate de chaux.

Les carbonates de potasse et des autres bases alcalines se forment par l'acide carbonique de l'eau de pluie, qui décompose dans les sols argileux les silicates d'alumine et de potasse ; mais ces carbonates retenus par l'argile sont peu solubles, peu assimilables.

Mais si l'on ajoute du plâtre, alors il se forme par double décomposition du carbonate de chaux et du sulfate de potasse, et, ce dernier sel n'étant plus retenu par l'argile, il est plus mobile, plus facilement assimilable.

À la suite d'expériences très précises, M. Dehérain a reconnu que la potasse était plus abondante dans les cendres provenant des plantes qui avaient reçu du plâtre que dans celles qui n'en avaient pas reçu.

D'autres expériences ont prouvé que les dissolutions étendues de sulfate de potasse produites dans la terre par la réaction du carbonate de potasse sur le sulfate de chaux passent plus facilement au travers de cette terre, sont plus mobiles, sont moins bien absorbées par l'argile que les dissolutions de carbonate, et elles semblent indiquer que la mobilité de la potasse dans les terres plâtrées doit être attribuée à sa transformation en sulfates.

La mobilisation de l'ammoniaque sous l'influence du plâtre est due à la même cause.

La conséquence de ces faits, c'est que le plâtre fait pénétrer l'ammoniaque et la potasse dans les couches profondes de la terre, c'est qu'il est très utile pour toutes les légumineuses dont les racines s'enfoncent au-dessous de la couche arable ordinaire : on sait que les racines de sainfoin, par exemple, pénètrent quelquefois jusqu'à 2 mètres de profondeur et peuvent s'étendre plus loin encore dans les interstices des roches calcaires. On rencontre des racines de luzerne à des profondeurs plus grandes encore; on en a vu de 2 mètres et même de 4. Ces plantes pourront peut-être prospérer dans un sol sablonneux où les principes des engrais ne seront pas retenus dans les couches superficielles du sol ; mais il n'en sera pas ainsi dans les terrains argileux, et, pour que les alcalis puissent arriver jusqu'à ces racines profondément enfoncées, il faudra qu'elles échappent aux propriétés absorbantes de l'argile; c'est dans ce cas surtout que l'intervention du plâtre est utile.

Ces expériences prouvent que l'usage du plâtre ne doit pas être aussi généralement proscrit qu'on le fait aujourd'hui : il peut être très utilement employé aussitôt que les luzernes ont été fauchées; il est aussi très bon sur les vesces après qu'elles ont été semées.

C'est essentiellement dans les terres pauvres en carbonate calcaire que le plâtre produit le meilleur effet, et il ne faut pas oublier que, pour obtenir le résultat maximum, les engrais organiques ou les fumiers soient proportionnés à la végétation plus active et plus abondante que le plâtre détermine.

Emploi du plâtre. — Le plâtre peut être employé à l'état cru ou à l'état cuit; mais il faut toujours que préalablement il ait été réduit en poudre. La cuisson a pour effet de rendre le plâtre plus facile à pulvériser; elle en augmente le prix de 50 centimes environ par hectolitre, mais elle en rend le broyage plus facile. Le plâtre doit être répandu sur les plantes en végétation, c'est-à-dire lorsque les feuilles et leurs ramifications s'étendent sur la surface de la terre, et qu'elles sont couvertes d'humidité produite par une pluie récente ou par la rosée, ou encore quand l'atmosphère est humide, lorsque le temps est chargé, et toujours le soir ou de très grand matin, au printemps lorsque les gelées ont cessé et que la végétation est peu avancée. Royer a remarqué que les plâtrages sur les sols calcaires, qui craignent beaucoup la sécheresse, doivent avoir lieu un mois plus tôt que dans les terres sablonneuses ou argileuses humides.

On peut plâtrer aussi quelquefois en juin ou juillet, aussitôt que la pousse de la seconde coupe d'une prairie artificielle couvre la terre. M. Gossin affirme que, répandu dès l'automne, le plâtre a presque autant d'effet qu'au printemps. Il en conclut qu'il est tout aussi bien absorbé par les racines que par le feuillage.

M. Heuzé a résumé les principes suivants :

1° Qu'une température élevée et prolongée, comme une humidité abondante, nuit à l'action du plâtre;

2° Que le plâtre ne manifeste son énergie que quand l'atmosphère est à la fois chaude et humide;

3° Que les effets du plâtre sont toujours en raison directe de la fertilité du sol;

4° Que le plâtre produit peu d'effet dans les

terrains pauvres, que la chaleur solaire dessèche de bonne heure au printemps.

Quantité de plâtre à employer. — On conçoit que cette quantité doit être variable, comme celle de tous les engrais, suivant le sol et les plantes cultivées; néanmoins, on peut dire que la quantité moyenne de plâtre à répandre par hectare est 350 kilogrammes. Cette moyenne n'est ni trop faible ni trop élevée.

Tout cultivateur qui veut faire usage du plâtre doit se pénétrer qu'il faut commencer dans une petite proportion et augmenter la première dose si elle a produit peu d'effet. Il ne doit répandre 600, 700, 1000 kilogrammes de plâtre par hectare que lorsqu'il a la certitude que l'augmentation de la récolte sera proportionnelle à ces quantités et que la valeur ou le surcroit des produits sera bien supérieur aux dépenses que la quantité de plâtre appliquée aura occasionnées.

Plâtras.

Tout le monde sait qu'on appelle plâtras des démolitions de murs, de cloisons construits en plâtre. Ces décombres renferment presque toujours, avec des débris calcaires, des nitrates de potasse ou de soude et des chlorures des mêmes bases, surtout ceux qui proviennent de lieux humides ou de rez-de-chaussée.

Employés comme engrais, ils ont à peu près les mêmes effets que le plâtre; indépendamment de leur action chimique, ils peuvent agir mécaniquement à la façon de la marne et des amendements.

Lorsqu'on les emploie sur les prairies naturelles et artificielles, on conseille de les répandre avant l'hiver. Au printemps suivant, un hersage et un ou plusieurs roulages aident à les diviser et à les réduire en poussière. Quand ils sont trop gros, il est bon de les réduire à la masse.

M. Puvis pense que la quantité de plâtras à employer doit être de 200 hectolitres par hectare; cette dose équivaut, selon lui, à 50 hectolitres de chaux. Cet agronome a remarqué qu'on emploie avec avantage les plâtras sur les céréales d'hiver comme sur celles de printemps; ils font produire plus de grains à proportion que de paille, et le grain est, dit-il, d'excellente qualité.

Des phosphates de chaux.

Les phosphates sont fournis directement au sol par les os et par des fossiles particuliers.

L'emploi des phosphates de chaux comme engrais a d'abord eu lieu en Allemagne. C'est un habitant de Sollingen, Friederech Ebner, et selon M. Heuzé c'est Friederech Kropp, qui en 1802 aurait eu l'idée de substituer les os pilés aux engrais ordinaires employés pour fumer les terres. L'usage s'en répandit assez lentement; mais, une fois connu en Angleterre, il s'y propagea rapidement.

En France, on fut long à se décider à cet emploi; cependant il existait en 1826 plusieurs usines destinées au broyage des os, notamment en Alsace, où l'une d'entre elles fut visitée par Darcet et par Gay-Lussac.

M. Dehérain fait remarquer que le propriétaire de cet établissement tomba empiriquement sur un des mélanges les plus actifs que puisse employer l'agriculture. Il mélangeait à 90 parties de poudre d'os broyés 10 parties de salpêtre, pour empêcher, disait-il, la

fermentation des os. Les beaux travaux de Boussingault ont montré, depuis, que l'association du nitrate
de potasse et du phosphate de chaux était une des
plus fécondes combinaisons qu'on pût imaginer ; cette
poudre se vendait 16 fr. les 100 kilogrammes.

La découverte du pouvoir décolorant du noir animal
pour les sirops de sucre vint activer considérablement la consommation des résidus d'os.

Payen signalait dès 1822 les bons effets qu'il avait
obtenus de l'emploi comme engrais du noir des raffineries ; c'est vers cette époque qu'on essaya aux
environs de Nantes d'utiliser les énormes dépôts de
noir animal, dont on ne savait que faire.

Ce commerce ne tarda pas à prendre un essor
considérable. En 1860, on en importait à Nantes
255 000 hectolitres. Ce ne fut cependant qu'en 1843
que la chimie expliqua l'effet des os pulvérisés sur
les terres. Le duc de Richemond fit une série d'essais
sur l'emploi des os. Il démontra d'abord par des
expériences directes sur le sol que l'action des os
calcinés ou bouillis, privés de tout ou partie de leur
matière grasse et de leur gélatine, n'est guère inférieure à celle des os crus, et il en conclut, contre
l'opinion générale, que le principe fertilisant des os
n'est ni la graisse ni la gélatine, mais bien le phosphate de chaux.

Il alla même plus loin et pensa que ce n'était pas
la chaux la partie la plus active des os, mais l'acide
phosphorique, qui cédait son phosphore aux céréales.
Les expériences et les idées de l'agronome anglais
ne tardèrent pas à être confirmées en France et
ailleurs ; c'est alors qu'on songea à utiliser les phosphates fossiles décrits par les géologues et employés
seulement dans quelques localités.

Phosphates minéraux.

Berthier a signalé le premier, en 1818, l'existence du phosphate de chaux sous forme de nodules, c'est-à-dire à l'état minéral. MM. Nesbit et Morris en découvrirent plus tard de nombreux gisements en France.

Paine de Farnham eut le premier l'idée de les substituer aux os pulvérisés dans la fertilisation des terres.

En France, les premiers essais furent faits par M. Meugy, ingénieur des mines.

En 1856, MM. de Molon et Thurneysen ont fait connaître à l'Académie des sciences que les coprolithes forment en France des gisements nombreux inépuisables et faciles à exploiter dans trente-neuf départements, constituant le bassin parisien, d'une part depuis Honfleur jusqu'à Bar-sur-Seine, de l'autre depuis Angers jusqu'à Rethel, sur une longueur de 300 kilomètres et une largeur qui varie entre 500 à 3000 mètres.

Le phosphate de chaux natif se présente le plus ordinairement sous forme de nodules plus ou moins arrondis, et disséminés dans le sol ou le sous-sol, ou empâtés dans une roche un peu cohérente. Dans les deux cas, ils forment souvent une couche régulière de 0 m. 10 à 0 m. 90 d'épaisseur. On les considère comme des excréments concrétionnés d'anciens animaux; ils sont souvent riches en phosphate de chaux. La quantité d'acide phosphorique qui s'y trouve varie beaucoup suivant les gisements, mais elle paraît assez constante pour une même localité. Il est très difficile, pour ne pas dire impossible, de reconnaître *à priori*

Extraction des nodules de phosphate de chaux dans les Ardennes.

la richesse des nodules ; mais, selon M. Dehérain, ces nodules, noirs à l'intérieur, sont plus riches que ceux dont la cassure était plus claire.

D'après M. Rivot, les nodules de Lille auraient la composition suivante :

Eau et acide carbonique........	30,0
Argile.........................	1,5
Chaux.........................	50,0
Acide phosphorique............	17,7
Oxyde de fer..................	traces
Perte.........................	0,8
	100,0

ce qui correspond à :

Phosphate de chaux..........	38,7
Carbonate de chaux..........	52,3
Argile........................	1,5
Oxyde de fer..................	traces
Eau et perte.....	7,5
	100,0

L'analyse ci-dessous a été faite par M. Hervé Mangon ; elle indique la composition du phosphate de chaux en poudre telle que le livrait en 1859 l'usine de la Villette.

Phosphate de chaux..........	36,50
Carbonate de chaux..........	15,50
— de magnésie........	2,09
Alumine et peroxyde de fer....	11,20
Argile et sable................	29,70
Alcalis, eau et perte..........	5,01
	100,00

D'après toutes les analyses de M. Dehérain, on peut conclure que le phosphate de chaux minéral ou fossile contient en moyenne 40,4 pour 100 de phosphate de chaux.

Le phosphate de chaux natif pulvérisé doit être employé sur les terres argileuses, argilo-siliceuses et granitiques. M. Heuzé dit que, d'après l'expérience qu'il a faite en 1860, il est porté à croire que l'action des phosphates de chaux est presque nulle sur les sols calcaires et les terrains crayeux.

Suivant M. Dehérain, cet engrais pulvérulent est presque insoluble dans l'acide carbonique seul ; mais il se dissout facilement sous l'action de cet acide, de l'acide acétique et de sels solubles de potasse, de soude et d'ammoniaque ; or il n'est pas difficile de démontrer qu'il existe dans les terres de bruyère non seulement de l'acide carbonique, mais aussi un acide volatil analogue à l'acide acétique. C'est pourquoi les phosphates de chaux réussissent si bien dans les terres de bruyère ; c'est aussi pour la même raison que la poudre des nodules se dissout dans les terres récemment défrichées. La solubilité s'accroît, ainsi que nous l'avons déjà dit, à la suite d'une exposition prolongée à l'air de la poudre des nodules ; la cause en est sans doute à la suroxydation du fer que renferment les phosphates fossiles.

Le phosphate de fer étant insoluble dans les acides faibles, on pourrait avoir quelque peine à comprendre que sa présence dans les nodules fût favorable à la solubilité de l'acide phosphorique, si l'on ne savait que l'acide carbonique dissout du carbonate de chaux, dont l'action décomposante sur le phosphate de fer au maximum est très marquée.

Beaucoup d'agriculteurs ont, au reste, aujourd'hui

l'excellente habitude de stratifier la poudre de nodules dans le fumier ; le carbonate d'ammoniaque agit sur les phosphates comme le carbonate de chaux. Et M. F. Thenard a trouvé dans le purin provenant de fumier phosphaté une quantité notable d'acide phosphorique en dissolution. A l'état naturel, les phosphates fossiles et le noir animal réussissent particulièrement bien sur les défrichements ; comme, au reste, les erres qui sont abandonnées pendant longtemps à la végétation spontanée se sont enrichies peu à peu d'azote atmosphérique, on conçoit que, en y apportant des phosphates, on les amène à des conditions de fertilité favorable.

Les plantes qui paraissent s'accommoder le mieux du sol ainsi amendé à l'aide de phosphates fossiles sont le sarrasin et l'avoine. Il arrive souvent qu'on peut, après un défrichement de genêts ou de bois, prélever deux ou trois céréales de suite avant d'être obligé de fumer.

On emploie habituellement de 500 à 600 kilogrammes de poudre de nodules à l'hectare : celle-ci vaut à Paris 5 francs les 100 kilogrammes ; en Bretagne, elle coûte souvent 8 francs, car on compte 2 francs de frais de transport et 1 franc de sac : la fumure revient ainsi à 40 ou 48 francs, et il est bien rare qu'elle ne produise pas des effets avantageux. MM. Malaguti et Bobierre, qui habitent la Bretagne, ont été placés pour suivre l'emploi des nodules ; ils ont reconnu que, dans nombre de circonstances, ils ont été plus efficaces que le noir animal.

La poudre des nodules est un engrais à si bas prix que les essais peuvent toujours être tentés, et, sur les défrichements, ils le seront presque toujours avec succès.

Lavage des nodules de phosphate de chaux.

Falsifications. — Les phosphates fossiles renferment de 8 à 50 pour 100 de phosphates de chaux. M. Bobierre a constaté que le plus grand nombre de marchés faits en Bretagne et en Sologne spécifie une richesse de 40 à 45 pour 100; c'est un terme moyen; il arrive quelquefois que les fossiles renferment 55 à 63 pour 100 de phosphates; ils sont plus solubles dans la terre que les autres phosphates.

On falsifie les phosphates en les mélangeant avec de la tangue, qui est, comme nous l'avons vu, un sable calcaire grisâtre. On les mélange aussi avec des terres et des argiles.

Le moyen pour le cultivateur de se garantir contre cette fraude, c'est, quand il achète du phosphate fossile, de faire déclarer par écrit au vendeur qu'il garantit 40 à 45 pour 100 de phosphate de chaux réel.

On vend encore comme phosphate de chaux :

La *phosphorite du Nassau,* qui est aussi un phosphate de chaux, mais très ferrugineux, exploité depuis quelques années. Sa composition est très variable, et sa richesse en phosphate réel s'élève de 45 à 70 pour 100. C'est la garantie qu'il faut demander.

Les *phosphorites d'Espagne* sont souvent employées pour remplacer le noir d'os dans des mélanges de tourbe, et voici ce que font les falsificateurs : ils les colorent avec une poudre de schiste très noire, et ainsi leur présence se trouve dissimulée dans l'engrais fabriqué.

Voici le moyen que donne M. Bobierre pour reconnaître la fraude. On jette dans une écuelle un peu de l'engrais suspect, on le couvre d'eau, on laisse déposer une minute et on fait écouler le liquide noirâtre supérieur; on remet de l'eau, et on recommence ainsi plusieurs fois de suite. On arrive à rassembler au fond de l'écuelle les parties les plus lourdes, à se débarrasser de la tourbe, des matières animales légères; ce qui reste, c'est le sable, le noir d'os ou la phosphorite. On fait sécher quelques instants devant le feu sur une plaque de métal ou sur une brique.

Puis on fait chauffer une pelle à feu presque au rouge, on la porte dans l'obscurité, on y verse le résidu d'engrais, et, s'il contient des phosphorites d'Espagne, il donnera lieu à une belle lueur jaune phosphorescente lumineuse.

ENGRAIS MINÉRAUX D'ORIGINE ANIMALE

Noir animal.

Nous savons que le noir animal est la matière obtenue lorsqu'on chauffe les os à la température rouge dans un vase hermétiquement fermé. C'est un charbon d'os qui contient des os calcaires et du charbon. Voici, d'après M. Bobierre, la composition du noir animal, en grain et en poudre :

	Charbon azoté.	Sable.	Phosphate de chaux.	Carbon. de chaux. Sels solubles, Oxyde de fer.	Azote dans 100 parties d'eau.
Noir en grains.	10,8	2,8	81,7	4,7	9,5
Noir en poudre.	12,6	2,7	73,1	11,6	11,2

La composition de ces deux noirs n'est pas la même, parce que le blutage rend l'un d'eux plus fin en séparant les portions les plus tendres de l'os et que celles-ci fournissent plus de charbon et moins de sels calcaires que les autres.

Le noir animal neuf ou vierge n'est point employé

comme engrais; il sert à la fabrication du sucre. Dans les sucreries, on emploie le noir en grains pour décolorer les sirops et les dépouiller du grand excès de chaux que le travail y a introduit.

Dans les raffineries, on emploie du noir en grains pour le même but et du noir fin pour la clarification du sucre.

Dans les sucreries, le noir en grains s'est surtout chargé de carbonates de chaux, et par des fermentations, des lavages et des calcinations successives, il arrive à perdre de plus en plus sa matière charbonnée; il devient, enfin, gris, lourd et dépourvu de propriétés absorbantes, car ses pores sont obstrués par la matière calcaire; alors on le vend aux marchands d'engrais, qui le plus souvent le réduisent en poudre et le mélangent avec de la tourbe animalisée et des substances analogues.

Dans les raffineries, la transformation qui s'opère est plus compliquée. Le noir est jeté dans le sirop à clarifier, qui a déjà reçu un peu de bouillie de chaux; on ajoute à ces matières du sang de bœuf, et on porte le liquide à l'ébullition. Le sang se fige bientôt et l'écume, qui se forme à la surface du sirop, emprisonne le noir et de la chaux; cette écume est jetée sur des filtres de coton et bien lavée; on la presse, on la livre aux cultivateurs sous le nom de résidu ou noir de raffinerie.

Il y a d'autres noirs fins obtenus en carbonisant les os dégélatinés dans lesquels il reste un peu de matière animale; ces noirs contiennent 82 à 84 pour 100 de phosphate de chaux; ils sont généralement vendus aux marchands d'engrais, qui les font entrer dans les mélanges.

Action agricole du noir animal.

Le noir de raffinerie agit par l'azote contenu dans le sang figé qu'il renferme ; cet azote transformé en ammoniaque devient la nourriture des plantes; il y en a 1,8 à 12 pour 100.

Le noir agit aussi par la chaux et son acide phosphorique, dont l'extrême division facilite la dissolution et l'absorption par les racines de ces plantes; à la dose de 4 ou 6 hectolitres par hectare, il produit d'excellents effets.

Le noir de sucrerie, qui ne renferme que des traces insignifiantes d'azote, est rarement employé en grains, il est surtout acheté pour être mélangé avec des substances animales; cependant, lorsque son grain n'est pas trop gros, il produit un bon effet dans les terres riches en humus et dans les défrichements. On peut avantageusement le mêler à des fumiers, à des débris de poissons, à des matières de vidanges. Il est d'un emploi économique.

Achat du noir de raffinerie.

Le noir animal des raffineries pèse 95 kilogrammes au plus l'hectolitre et se vend toujours à la mesure. Il contient en moyenne, suivant l'expression consacrée, 60 pour 100 de phosphate de chaux, mais il renferme 35 pour 100 d'eau. Les 100 kilogrammes de noir animal de raffinerie ne contiennent donc dans leur condition normale que 36 kilogrammes de phosphate de chaux.

Dans la sophistication du noir animal, c'est sur

cette équivoque que se fondent les principales combinaisons du falsificateur ; et, comme ici la mesure est substituée au poids, cet usage devient encore un des auxiliaires les plus importants de la fraude.

1 hectolitre de noir de raffinerie est vendu 15 francs à un cultivateur ; le marchand lui dit que cet engrais renferme 63 pour 100 de phosphate de chaux.

Si le cultivateur veut se rendre compte de son acquisition, voici le raisonnement qu'il doit se faire :

Quel est le poids de l'hectolitre ?

Combien le noir renferme-t-il d'humidité ?

L'hectolitre pèse 95 ou 96 kilogrammes.

Séché sur une pelle, le noir perd 35 pour 100 d'eau.

Si 100 kilogrammes de noir contiennent 35 d'eau, les 96 kilogrammes formant l'hectolitre représentent donc :

Noir réel......................	62^k 400
Eau..........................	33 600

Pour ces 15 francs, le cultivateur a donc 62 kilogr. 400 de noir réel. Mais l'analyse établit que le noir sec renferme 63 pour 200 de phosphate de chaux ; dans ses 62 kilogr. 400, il y aura donc 39 kilogr. 312 de phosphate de chaux.

Or, le payant 15 fr., cela mettrait le phosphate de chaux à 38 francs les 100 kilogrammes, si l'on faisait porter à cette matière tout le poids de la dépense ; il est vrai qu'il faut tenir compte de la matière animale du sang et aussi de l'état physique du noir animal, qui le fait agir sûrement et vite.

Le même raisonnement est appliqué au noir de sucrerie ou de fabrique de gélatine, vendu 12 francs l'hectolitre.

Si ce noir pèse 100 kilogrammes l'hectolitre et renferme 4 pour 100 d'eau, on livre en réalité 95 kilogrammes de marchandise. 95 kilogrammes de noir à 72 pour 100 de phosphate représentent 68 kilogr. 400 de ce principe fertilisant. Enfin les 68 kilogrammes étant payés 12 francs, les 100 kilogrammes sont vendus à raison de 17 francs.

Ainsi, comme on le voit, le noir résidu de raffinerie est cher et ne doit guère être employé que dans certaines circonstances où il est nécessaire d'avoir un engrais rapidement énergique.

Mélanges de noir animal et de tourbe.

Parmi les nombreuses matières qui servent à sophistiquer le noir animal, c'est la tourbe qu'on emploie de préférence.

Les marais de Donges, au bas de la Loire, ainsi que les environs de Saumur, en fournissent des quantités considérables ainsi que la basse Bretagne.

Après son extraction, la tourbe est pulvérisée et tamisée. Elle coûte en moyenne sur place de 20 à 25 centimes l'hectolitre du poids moyen de 65 kilogrammes. Elle contient en moyenne 70 pour 100 d'eau.

Généralement, la tourbe est employée dans son état naturel ou simplement noircie ; quelquefois cependant on y ajoute des matières fécales ; dans ce cas, on l'appelle tourbe jailliée ; cet arrosement se fait non seulement avec des matières fécales étendues d'eau, mais aussi avec du bouillon d'équarrissage, ou avec des chairs d'animaux abattus qu'on a laissées se décomposer dans leur masse et qu'on a passées ensuite au crible.

A cette tourbe ainsi préparée, mais quelquefois employée en nature, on ajoute du noir d'os, généralement du noir de sucrerie, qu'on a réduit en poudre ; on y ajoute également du charbon d'os gélatinés ; ces charbons contiennent 83 pour 100 de phosphate de chaux et 8 pour 100 de charbon et matière combustible. On y ajoute encore des noirs de raffineries de Bordeaux, Nantes ou Marseille, dont l'odeur se communique à l'ensemble ; pour détruire la nuance brune de la tourbe, on emploie les schistes noirs d'Ille-et-Vilaine, le charbon de goémon lavé, etc. On mélange parfaitement, on crible, on fait absorber le plus d'eau possible et on expédie comme petit noir la matière ainsi fabriquée.

Depuis quelque temps, on introduit dans ces mélanges, pour y remplacer une partie du noir animal, tantôt des phosphates fossiles, tantôt des phosphorites d'Espagne. En pareil cas, on force un peu la dose de schiste noir pour colorer les matières phosphatées, dont la teinte grise ou blanche trahirait la présence.

La tourbe n'est pas mauvaise en elle-même ; elle est même excellente lorsqu'elle a été aérée par le tamisage, puis imprégnée de matières animales. Mais M. de Molon fait observer que si cela est vrai lorsqu'elle est sèche, dans l'état où on l'emploie pour la sophistication des engrais elle ne contient jamais moins de 70 pour 100 d'eau ; sa puissance est complètement épuisée.

Les agriculteurs savent sans doute, la plupart du moins, qu'on mélange de la tourbe au noir animal ; mais on leur a si bien persuadé que non seulement cette addition était utile, que de plus elle donne à l'engrais des propriétés et une activité d'action que le noir animal pur ne possède pas, qu'il n'est pas un

cultivateur qui ne croie fermement que quand il achète
un hectolitre de noir animal ou de noir animalisé,
indiqué comme dosant 20, 30, 50 ou 60 pour 100 de
phosphate, on ne lui donne 20, 30, 50 ou 60 kilogrammes de phosphate de chaux, tandis qu'en réalité
il n'en reçoit que 7 à 30 kilogrammes et souvent
moins.

En résumé, la sophistication du noir animal se réduit à y mélanger de la tourbe dans une proportion
qui varie de la moitié aux neuf dixièmes. D'où il faut
conclure que le cultivateur fera mieux d'acheter sé-
parément du noir d'os et de la tourbe animalisée et
d'opérer lui-même son mélange. D'autant que les
mélanges sont quelquefois utiles. Ainsi la tourbe animalisée fournit de l'humus au sol, le rend meuble et
léger, y entretient l'humidité, favorise par sa décomposition l'action des matières animales et surtout des
phosphates.

Voici, d'après M. Bobierre, comment le cultivateur
doit s'y prendre pour ne pas être trompé lorsqu'il
achète du noir animal.

Il doit prendre un échantillon de noir et le sou-
mettre à l'examen d'un chimiste, qui déterminera la
richesse de l'engrais sec, puis dosera l'humidité. Il
aura eu soin de demander une facture et d'y faire
spécifier formellement que le noir est sans mélange
et renferme tant de phosphate de chaux. De plus, il
aura également demandé au marchand un petit sac,
flacon ou une boîte de fer-blanc dans laquelle un
échantillon du noir sera déposé sous le cachet du vendeur. Ainsi muni, le cultivateur pourra toujours se
faire rendre justice, s'il croit qu'il a été trompé.

Phosphate rétrogradé.

On appelle phosphate réduit ou rétrogradé ou de retour la partie qui dans les phosphates solubles devient avec le temps insoluble dans l'eau.

On sait que le phosphate de chaux est de sa nature insoluble dans l'eau. Dans cet état, il est tribasique, c'est-à-dire formé par un équivalent d'acide phosphorique et trois équivalents de chaux.

Pour rendre ce phosphate soluble, on le réduit en poudre; on le mouille avec une quantité d'acide sulfurique suffisante pour que toute la chaux du phosphate se combine avec l'acide sulfurique et forme un sulfate de chaux. Alors l'acide phosphorique se trouve libre et soluble dans l'eau; c'est ce qu'on appelle faire du superphosphate. Dans cet état, le phosphate est monobasique, c'est-à-dire composé d'un équivalent de chaux pour un équivalent d'acide phosphorique.

Mais ce phénomène de la solubilité absolue de l'acide phosphorique subit une réaction; un superphosphate qui le jour de sa fabrication dosait, par exemple, 15 pour 100 de soluble, ne donne plus au bout d'un mois que 14 et plus tard que 12 pour 100.

Peu à peu, la quantité d'acide phosphorique soluble dans l'eau a diminué pour faire place à un nouveau composé que l'eau seule ne dissout plus, mais qui n'a plus besoin cependant d'un acide énergique, comme l'acide sulfurique, pour devenir soluble. Des acides faibles, tels que le citrate d'ammoniaque, suffisent. Dans cet état, le phosphate est bibasique ou bicalcique; il représente un équivalent d'acide phosphorique pour deux équivalents de chaux.

On donne au phosphate réduit la valeur d'un phosphate soluble. En effet, le phosphate qui a été primitivement attaqué par l'acide et qui depuis a subi les effets de la rétrogradation est très rapidement assimilable, tandis que le phosphate qui n'a jamais été attaqué reste dans les conditions naturelles du phosphate de chaux tribasique sans nulle action dans les terres cultivées.

Rien n'est plus facile de doser l'acide phosphorique soluble dans l'eau. Mais, comme le fait remarquer M. Dudouy dans l'*Annuaire de l'Agence centrale des agriculteurs*, le dosage de l'acide phosphorique rétrogradé laisse encore beaucoup à désirer comme simplicité et choix de moyen.

M. Dudouy a soumis dernièrement, à des chimistes des plus autorisés, trois échantillons identiques de trois superphosphates de chaux, pour être analysés au citrate d'ammoniaque alcalin à froid. Voici les différents résultats obtenus :

ÉCHANTILLON A.

Acide phosphorique soluble dans le citrate d'ammoniaque.

1er chimiste.	2e chimiste.	3e chimiste.	4e chimiste.
24,61	11,28	12,44	9,78

ÉCHANTILLON B.

Acide phosphorique soluble dans le citrate d'ammoniaque.

| 23,47 | 11,12 | 12,32 | 11,19 |

ÉCHANTILLON C.

Acide phosphorique soluble dans le citrate d'ammoniaque.

| 19,37 | 9,33 | 11,16 | 9,49 |

Avec de pareilles différences de dosages, on ne peut, comme dit M. Dudouy, avoir une grande confiance dans les analyses du phosphate rétrogradé.

Superphosphates.

Depuis l'emploi des phosphates, on est arrivé à reconnaitre qu'un moyen de les rendre plus actifs, c'était de les rendre plus solubles. C'est en 1840 que le baron Liebig conseilla d'employer l'acide sulfurique pour donner au phosphate de chaux des os la solubilité qui lui manquait; ce conseil fut suivi en Angleterre d'abord, puis en France.

Les superphosphates sont habituellement fabriqués à l'aide d'un mélange de 66 parties d'os concassés ou noir de raffinerie et de 33 parties de nodules en poudre.

Les os ou le noir animal renfermant 65 à 66 pour 100 de phosphate de chaux tribasique, les nodules de 42 à 44 pour 100 de phosphate, le mélange ainsi formé contient environ la moitié de son poids de phosphate de chaux.

On le traite par 90 ou 95 parties d'acide sulfurique à 53 degrés; le mélange se fait dans des bacs de bois; on remue avec des ringards, et bientôt la masse se sèche et se durcit par suite de la formation du sulfate de chaux; on obtient environ 180 parties de superphosphate; la perte est due au dégagement de l'acide carbonique et à l'évaporation d'une certaine quantité d'eau.

Le mélange obtenu renferme environ 26 pour 100 de phosphate de chaux, soit 12,7 d'acide phosphorique, sur lesquels 10 à 11 sont à l'état soluble et 1,7 à 2,7 sont insolubles.

Quand on emploie des nodules seuls à la fabrication, on est obligé de forcer la dose d'acide sulfurique, parce que l'attaque est plus difficile; à l'usine de Saint-Gobain, 101 parties de poudre de nodules, renfermant de 40 à 45 pour 100 de phosphate de chaux, sont traitées par 90 parties d'acide sulfurique à 50; le superphosphate contient de 10 à 11 d'acide phosphorique sur lequel 8 à 9 sont à l'état soluble.

Emploi. — Les superphosphates sont aujourd'hui très généralement employés, car ils donnent d'excellents résultats, surtout quand ils sont associés aux sels ammoniacaux, au nitrate de soude du Pérou. On espère qu'ils serviront à remplacer le guano, dont les gisements s'épuisent rapidement. Il paraît même que, dans certains endroits, ils ont une influence plus marquée que les engrais azotés.

En Angleterre, où l'on emploie beaucoup de superphosphates, on a reconnu qu'ils réussissent mieux sur les racines que sur les céréales. On les emploie pour les turneps, à la dose de 400 kilogrammes à l'hectare.

En France, on ne les emploie guère qu'à la dose de 200 à 300 kilogrammes, et en général on n'en fait usage qu'associés aux fumiers de ferme. Leur emploi exclusif est encore très localisé, ou ne s'étend guère que dans le Gatinais, une partie de la Beauce et dans une partie du département du Cher, où ils produisent seuls, c'est-à-dire sans l'addition de matières azotées depuis déjà de longues années, les résultats les plus avantageux sur les céréales, notamment sur les seigles, orges et avoines et aussi sur les racines.

Le superphosphate de chaux se vend de 12 à 18 francs les 100 kilogrammes suivant le dosage de 20 à 35 pour 100 de phosphate solubilisé et assimilable.

Dans un article intéressant du *Journal de l'agriculture* n° du 15 décembre 1875, M. François Coignet a montré la supériorité des superphosphates d'os sur les superphosphates minéraux, ce qu'il attribue, ainsi que M. Bobierre, à la matière animale contenue dans les os.

De nombreuses expériences tendent à prouver que les engrais salins employés seuls et sans matières organiques ne tardent pas à appauvrir les sols les plus riches, en absorbant, en brûlant l'humus qu'ils peuvent contenir et qui est employé à faciliter les combinaisons des sels constituant les engrais dits chimiques, tandis qu'au contraire la pratique et les essais des stations agronomiques prouvent que les engrais composés de matières animales torréfiées et d'os dégélatinés, naguère si dédaignés, tiennent le premier rang, quoique l'azote et les phosphates qu'ils renferment ne soient pas immédiatement solubles dans l'eau pure.

Il est évident, dit M. François Coignet, que la puissance fertilisante de ces engrais de matières animales ne peut être attribuée qu'à ce fait que les matières animales torréfiées entrent rapidement en fermentation au contact de l'humidité du sol; elles dégagent de la chaleur, de l'acide carbonique, de l'ammoniaque, qui opèrent la dissolution du phosphate des os dégélatinés et facilitent les combinaisons de l'ammoniaque, de l'acide phosphorique.

Cette action des matières animales se produit régulièrement, peu à peu, lentement, fournissant ainsi l'azote et le phosphore à la plante pendant toute la croissance et jusqu'à la maturité, et, chose importante, sans épuiser le sol, sans brûler son humus, puisque ces engrais apportent avec eux la matière organique animale destinée à fermenter et à opérer la dissolution des phosphates et leur combinaison avec les principes azotés.

Phospho-guano.

Le phospho-guano est un guano naturel spécial, dont une Compagnie anglaise possède le monopole.

Par conséquent, on ne peut pas plus fabriquer le phospho-guano sans employer ce guano spécial que l'on ne peut fabriquer le guano du Pérou dissous sans employer le guano péruvien.

Le phospho-guano véritable, celui de la Compagnie anglaise, dont MM. Gallet-Lefèvre et Cie sont les importateurs depuis un certain nombre d'années, contient 16 pour 100 au moins d'acide phosphorique soluble.

Voici un essai commercial fait par M. Bobierre :

Phosphate de chaux des os............	32 00
Phosphate acide soluble, représentant 26,25 de phosphate des os..........	19 85
Matières organiques, sulfate de chaux, traces de sels alcalins.............	31 00
Humidité............................	7 40
Sable....	9 75
	100,00

M. Albert des Fossés affirme que, d'après les analyses de dix-sept contrefaçons de cet engrais qui sont vendues comme ayant le dosage de 16 pour 100 au moins d'acide phosphorique soluble , dans quelques-unes l'acide phosphorique soluble manque absolument; les autres échantillons soumis à l'analyse en contenaient en moyenne 6201 grammes et les autres 5350 grammes.

Ces contrefaçons sont vendues 2 à 3 francs moins cher les 100 kilogrammes, et ils contiennent généralement plus de 10 kilogrammes de moins.

Engrais de potasse.

La potasse ne se rencontre jamais à l'état libre dans la nature; mais elle fait partie de presque toutes les terres arables, dans lesquelles on la trouve combinée aux acides silicique, sulfurique, phosphorique, carbonique et nitrique. Cette base provient de la décomposition des roches renfermant des minéraux riches en potasse, tels que les feldspaths, le mica. Le feldspath orthose renferme environ 12 pour 100 de potasse et certains micas. Un grand nombre de roches, telles que les granits, les gneiss, les micaschistes, les basaltes, etc., abandonnent de la potasse en se décomposant. L'analyse a découvert également la présence de la potasse dans un grand nombre d'argiles et de craies. Les parties solides ou liquides des animaux contiennent de la potasse.

Les végétaux en renferment, et voici par ordre ceux qui en ont le plus : pommes de terre, betteraves champêtres, navets, topinambours, froment, paille de froment, avoine, paille d'avoine, trèfle, pois, haricots, fèves.

Les cendres de bois les plus estimées, au point de vue de leur richesse de potasse, sont celles de faux ébénier, d'orme, de hêtre, de chêne, de frêne. Les moins bonnes sont celles de tremble et d'aune.

Parmi les plantes herbacées, les tiges de pavot, de tabac, de colza, de topinambour, de bruyères, de fougères, d'ajoncs, de maïs, les sarments de vignes, sont celles qui fournissent les meilleures cendres calcaires. Ajoutez-y les tiges de choux domestique, les feuilles de saule pleureur, de noyer, de mûrier, de charmilles, de tilleul argenté, d'acacia, les tiges de dahlia, les feuilles et brindilles de bois.

La quantité de potasse enlevée par la vigne pour 1 hectare est de 16 kilogr. 61.

M. Boussingault a constaté d'autre part que les quantités de potasse enlevées au sol par hectare pour d'autres récoltes moyennes sont pour : pomme de terre, 63 ; betteraves, 90 ; froment et sa paille, 27 kilogr., etc. ; il en conclut des résultats relatifs à la vigne que, si cette culture exigeait de la potasse, du moins cette exigence était encore inférieure à celles du blé, de la betterave et de la pomme de terre.

Il résulte de toutes ces expériences que la potasse est un élément minéral indispensable à la nutrition des plantes, et que par conséquent les terres arables doivent toujours renfermer cet alcali en quantité suffisante e surtout à un état favorable à l'assimilation immédiate.

Ajoutons encore que le carbonate de potasse favorise la nitrification des terres arables, qui joue un rôle si important dans la fertilisation.

Le cultivateur doit donc s'appliquer à utiliser tous les débris végétaux riches en potasse, les lessives qui ont servi aux blanchisseuses, les marcs de raisin, les lies de vin.

Voilà ce qu'on disait avant les expériences qui ont été faites à Grignon en 1865-1866, 1866-1867, 1867-1868, dans un sol très calcaire. Mais d'après ces expériences, les engrais de potasse employés purs sur des pommes de terre n'ont pas augmenté la récolte.

Le mélange des engrais de potasse et des engrais phosphatés et azotés a augmenté les récoltes.

Le sulfate d'ammoniaque employé seul a donné un résultat presque aussi avantageux. Ainsi, ce sont les engrais azotés qui exercent sur la pomme de terre l'effet le plus sensible.

M. Dehérain est si peu convaincu de l'action de la potasse qu'il dit qu'on ne saurait nier que la nullité d'action de l'engrais de potasse sur la culture des pommes de terre, dans un sol qui ne renfermerait pas d'alcali, ne tarde pas à démontrer que la potasse n'a pas pour la culture des tubercules toute l'importance qu'on lui assignait naguère.

Les mêmes résultats ont été obtenus pour la culture de la betterave; tandis que les sels de potasse ont presque toujours augmenté d'une façon sensible la récolte de blé.

M. Dehérain fait observer qu'il est bien remarquable que la potasse, qui se rencontre en faibles quantités dans le froment, ait eu cependant sur son développement une influence des plus heureuses, tandis qu'elle n'en a exercé aucune sur les plantes, telles que la betterave et la pomme de terre, dont les cendres en accusent une proportion beaucoup plus considérable.

La cause de ce résultat inattendu ne serait-elle pas que la présence de cette base facilite la production des phosphates de potasse nécessaires à la formation des matières albuminoïdes qui viennent se concentrer dans les graines, tandis que, placée sur les tubercules ou les racines, la potasse vient seulement saturer les acides végétaux qui se sont produits dans les tissus, mais qui n'ont aucune importance pour le développement de la plante elle-même ?

Ainsi, d'après les expériences de M. Dehérain, les sels de potasse ne seraient employés avantageusement que sur les céréales, mais d'autres observateurs les ont reconnus avantageux sur les prairies artificielles.

Ces expériences démontrent en outre *qu'il n'est pas possible de tirer de l'analyse des cendres d'une plante* l'indication absolue de la nature des engrais qu'il convient de lui donner.

Calciner une plante, analyser les cendres et affirmer *à priori* que tous les éléments de ces cendres présentent une importance égale, c'est évidemment conclure sans aucune preuve. C'est seulement par des essais directs de culture sur le sol qu'on pourra arriver à reconnaître celles de ces matières minérales qui ont une importance capitale.

Malgré tous les efforts tentés par les industriels qui traitent les eaux-mères des marais salants ou par ceux qui exploitent les gisements de Stassfurt, il a été impossible de donner au commerce des engrais de potasse une importance comparable au commerce des phosphates. Le prix de l'engrais, l'incertitude de son action expliquent suffisamment ce fait.

Nitrate, ou azotate de potasse, ou salpêtre (sel de nitre).

Les faits observés par M. Dehérain au sujet de la potasse ne détruisent pas les expériences qui ont été faites par d'autres chimistes sur le nitrate de potasse. M. Dehérain lui-même a reconnu que le mélange des engrais phosphatés avec les azotates de potasse favorise la végétation.

Le nitrate de potasse se rencontre tout formé dans la nature, principalement dans les contrées chaudes, telles que les Indes, l'Egypte, l'Espagne, où il donne lieu sur la surface du sol à de nombreuses efflorescences salines après la saison des pluies.

Le nitrate de potasse nous arrive de l'Inde. On le vend de 50 à 60 francs les 100 kilogrammes ; il contient 13,78 pour 100 d'azote. C'est en Angleterre surtout qu'il a été expérimenté comme engrais ; il a donné, paraît-il, de bons résultats ; mais son prix élevé n'a pas tardé à lui faire préférer le nitrate de soude, qui à la même dose donne des résultats supérieurs.

ENGRAIS MINÉRAUX ALCALINS A BASE DE SOUDE

Nitrate de soude.

Malgré les expériences de Sine, qui prouvent que le nitrate de soude est préférable au nitrate de potasse, on est loin d'être fixé sur la valeur de ce dernier engrais. Appliqué sur les sols calcaires, le nitrate de soude n'a pas produit grand effet sur les plantes ; il semble avoir mieux réussi sur les terrains siliceux et perméables.

M. Kuhlmann l'a expérimenté sur une prairie des environs de Lille ; il a répandu 255 kilogrammes de nitrate de potasse par hectare, qui ont fait produire un excédant de 1862 kilogrammes de foin.

L'engrais a coûté 127 fr. 50, et l'excédant de foin produit 74 fr. 40. Le nitrate de soude n'est donc pas avantageux en France.

En Angleterre, il est un peu plus rémunérateur; néanmoins, il est toujours peu économique, même pour les céréales, et, s'il augmente le produit de la paille, il la rend plus grosse, plus forte, et les grains qu'il contribue à faire naître ont généralement moins de poids.

M. Barclay a reconnu que le grain nitraté pesait moins que celui qui provenait du froment qui n'en avait pas reçu.

MM. Dewdney et Drewitt ont remarqué que le grain du froment sur lequel on avait répandu du nitrate de soude, était d'une qualité moins favorable à la vente. Ces faits, comme le dit M. Heuzé, sont évidemment de nature à déterminer de nouvelles expériences.

C'est au Pérou qu'on trouve le plus de nitrate de soude; on en exploite des gisements considérables dans la province de Thracapa. Les nitrières les plus riches commencent à Quiviche et s'étendent au sud jusqu'à Quillayna; elles enclavent des amas de sel marin; les dépôts de salpêtre ont souvent une étendue de 160 mètres sur une épaisseur de 2 à 3 mètres. Les cristaux de nitrate de soude sont généralement disséminés dans une argile; dans certains parages, le minerai ou caliche est si dur qu'on est obligé de faire usage de la poudre pour l'attaquer.

Le caliche contient, pour 100, 25 à 64 parties de nitrate de soude. Pour extraire le nitrate, on lessive le caliche et on fait évaporer la dissolution.

Chlorure de sodium ou sel marin.

Le sel marin a été longtemps prôné comme un des agents les plus favorables à la culture, et pendant des années ses partisans ne voyaient d'autres obstacles à son usage que l'impôt excessif dont il était frappé. Cependant en France on n'est pas parvenu à mettre en évidence l'utilité du sel pour l'amélioration du sol, et, depuis qu'en Angleterre l'abolition des droits en a fait baisser le prix de 97 pour 100, la consommation du sel marin n'a pas beaucoup augmenté. On peut même dire qu'aujourd'hui son emploi est nul comme engrais, malgré la multitude d'essais faits dans ces derniers temps.

Ce qui est certain, c'est qu'il oppose un sérieux obstacle à la cristallisation du sucre en favorisant la formation des mélasses, de telle sorte que, quand bien même il serait utile au développement des betteraves, les cultivateurs qui sont en marché avec les sucreries devraient se l'interdire.

Le seul avantage que puisse avoir le chlorure de sodium, c'est de dissoudre des quantités très sensibles de phosphates de chaux. C'est peut-être à cette action dissolvante qu'il faut rattacher l'influence heureuse qu'on attribue au sel sur les récoltes des terrains déjà pourvus de matières fertilisantes ; cette propriété expliquerait l'habitude qu'ont les fermiers anglais d'ajouter une certaine dose de sel au guano qu'ils consomment en si grande quantité.

M. Dehérain fait remarquer que, dans ses expériences sur l'emploi des engrais de potasse à la culture du froment, c'est toujours l'engrais de potasse ordinaire, très riche en sel marin, qui lui a donné les meilleurs résultats, peut-être parce qu'il favorisait la solubilité des phosphates indispensables au développement des matières albuminoïdes qui se concentrent dans les grains.

Engrais minéraux ammoniacaux.

Le sulfate d'ammoniaque est le seul qui soit employé, et encore, comme il coûte 56 à 60 francs les 100 kilogrammes, il y a peu d'avantages pécuniaires à s'en servir, à moins que ce ne soit pour fabriquer des engrais mixtes.

Mais les urines, les eaux des fosses à fumier et les eaux des usines à gaz, étant saturées avec de l'acide sulfurique ou du sulfate de fer ou avec de l'acide chlorhydrique, fournissent des eaux ammoniacales à très bon marché, qui peuvent être utilisées avec beaucoup de profit et qu'on laisse encore perdre en beaucoup d'endroits.

M. J. Girardin affirme que 5400 litres d'eau ammoniacale du gaz saturée font produire par hectare 6300 kilogrammes de foin, tandis que sans son emploi on n'en aurait obtenu que 4000. Les 2300 kilo. de surplus de récolte sont obtenus pour 1 franc, prix des 5400 litres.

Ce serait donc, comme on le voit, un des engrais les plus économiques. M. Kuhlmann a pu faire, avec ce même liquide, jusqu'à trois et même quatre coupes d'herbes dans une année. Voilà une belle application à réaliser dans les environs d'une ville industrielle.

Mais la condition indispensable pour que le sulfate et le chlorhydrate d'ammoniaque produisent des effets avantageux sur la végétation, c'est la présence dans le sol du carbonate d'ammoniaque, car c'est le seul de ces sels qui puisse être absorbé immédiatement par les spongioles des racines ou par les pores des feuilles. Et faut-il encore que le sol ne soit ni trop sec ni trop humide, que la saison ne soit pas trop pluvieuse.

C'est sans doute à l'influence de l'une ou l'autre de ces circonstances, qui empêchent les transformations du sulfate et du chlorhydrate en carbonate d'ammoniaque, qu'il faut attribuer les insuccès signalés par divers expérimentateurs.

Dans tous les cas, il y a nécessité d'alterner l'emploi des sels ammoniacaux avec des engrais riches en potasse, en chaux, en magnésie, en silice, en phosphates, afin de rendre au sol toutes les matières salines qu'il a cédées aux récoltes et que les sels ammoniacaux ne peuvent pas fournir, en raison de la simplicité de leur composition. Seuls ils ne peuvent donc pas satisfaire aux conditions d'une fertilité incessante et durable, et c'est pour ne pas avoir bien compris le véritable rôle de ces sels que plusieurs expérimentateurs ont essuyé des mécomptes en les employant.

M. J. Girardin dit avec raison que le meilleur parti à tirer des sels ammoniacaux, c'est de ne les considérer que comme source d'azote (le sulfate d'ammoniaque du commerce en renferme 20 pour 100) et de les ajouter au fumier, de les faire entrer dans la composition d'engrais mixtes, et surtout de les associer aux matières phosphatées, dont ils favorisent et complètent l'action d'une manière remarquable.

Au lieu de neutraliser les eaux ammoniacales des gaz avec l'acide sulfurique, c'est d'employer de préférence pour cette neutralisation du phosphate acide de chaux.

Dans les terrains granitiques et schisteux de la Bretagne, où la potasse est assez abondamment répartie par la nature, le mélange de phosphate de chaux et de sulfate d'ammoniaque réussit très bien.

Emploi. — Le sulfate d'ammoniaque doit être employé à dose modérée (100 à 150 kilogrammes à l'hectare).

Pour les pommes de terre, 100 kilogrammes suffisent.

Pour la betterave, on peut donner à l'hectare 200 à 300 kilogrammes, en ayant soin toutefois d'y ajouter moitié ou deux tiers de superphosphate.

Pour le lin, 100 kilogrammes suffisent à l'hectare.

Pour le chanvre, le colza et autres plantes oléagineuses, on peut, suivant l'état des terres, varier la dose de 200 à 300 kilogrammes.

Pour les prairies naturelles, 100 à 150 kilogrammes; une plus haute dose nuirait au regain.

Le sulfate d'ammoniaque s'emploie à l'automne pour les céréales et autres plantes d'hiver; au commencement du printemps, sur les prairies naturelles, sur les blés de mars, les avoines et autres semis du printemps; d'avril à la fin de mai, pour les betteraves et les pommes de terre.

Pour les blés, beaucoup d'agriculteurs mettent moitié de la dose à l'automne sur le labour et moitié au printemps en couverture.

On répand facilement le sulfate d'ammoniaque à la volée, soit seul, ou plutôt mélangé avec moitié de son poids de terre fine, de cendre ou de plâtre.

On peut aussi le répandre avec le semoir à engrais. Il doit être simplement enterré par un hersage.

Il ne faut jamais le mélanger avec de la chaux, ni le répandre sur une terre fraîchement chaulée; la chaux volatiliserait son azote au détriment de la plante.

Moyen d'apprécier le sulfate d'ammoniaque. — Le sulfate d'ammoniaque, pour être bon, doit doser :

Ammoniaque	25	p. 100
Acide sulfurique............ ...	62	
Eau de cristallisation	13	
	100	

Tout sulfate d'ammoniaque qui n'offre pas ce dosage a un excès soit d'humidité, soit d'acide sulfurique libre, ou bien est mélangé avec des sels inertes.

Le sulfate d'ammoniaque de la Compagnie parisienne du gaz dose toujours 20 à 21,33 pour 100 d'azote. Il est tantôt gris-blanc, tantôt gris-rougeâtre, suivant la couleur des acides employés.

Son grain est fin, tandis que la plupart des sulfates d'ammoniaque d'autres provenances sont en cristaux plus ou moins gros ou en plaquettes.

Quand un sulfate d'ammoniaque graisse fortement les doigts au toucher, c'est qu'il contient un excès d'acide sulfurique libre, c'est-à-dire qui ne s'est pas combiné. Ce surcroît d'acide diminue d'autant la richesse en azote, et il est rare que les sulfates d'ammoniaque de cette sorte dosent plus de 17 pour 100 d'azote. Il en est dans le commerce qui ne dosent que 14 à 15 pour 100 d'azote. Il faut prendre garde à ces produits mal fabriqués, qu'on vend pour du sulfate à 20 pour 100 d'azote.

Dans les usines à gaz de peu d'importance, on se sert d'appareils à bon marché, mal combinés, qui donnent un sel surchargé d'acide sulfurique libre et ne dosant souvent que 12 à 13 pour 100 d'azote.

Le sulfate d'ammoniaque pur, tel que la Compagnie parisienne du gaz le livre, fond entièrement dans l'eau et ne laisse aucun dépôt au fond du vase. Quand on le met fondre sur une cuillère de fer au feu, tout doit s'évaporer.

Cendres et charrées.

On appelle cendres les résidus de l'incinération des matières végétales et quelquefois aussi des matières animales. On emploie en agriculture des cendres vives, des cendres de tourbe, des cendres de houille, des cendres de plantes marines, et des suies.

On comprend que les cendres provenant de la combustion des plantes renferment les substances minérales que les racines ont puisées dans le sol. Les cendres sont donc encore spécialement des engrais minéraux; ces cendres contiennent généralement les substances suivantes : carbonate et phosphate de chaux et de magnésie, sulfate de potasse, chlorures de potassium et de sodium, carbonates de potasse et de soude, silices, oxydes de fer et de magnésie, et fragments de charbon.

MM. Payen et Richard font observer que le carbonate de chaux provient surtout de l'oxalate de chaux et d'autres sels calcaires dont ces acides organiques se brûlent; les plantes de la famille des urticées et quelques autres contiennent en outre dans leurs feuilles du carbonate de chaux qui se retrouve dans les cendres; les carbonates alcalins proviennent de l'incinération des sels organiques à base de potasse et de soude que les végétaux renferment.

Avant de livrer les cendres à l'agriculture, on en extrait souvent, pour le blanchissage du linge ou la fabrication de la potasse, les sels solubles à base de potasse et de soude. Il en reste toujours une partie interposée dans le résidu insoluble, formé de carbonate et de phosphate de chaux, de magnésie, de silice, d'oxyde de fer et de manganèse et de particules charbonneuses.

Ces résidus, qu'on appelle cendres lessivées, sont encore très utiles comme engrais calcaires et phosphatés ; on en répand sur les sols sableux et argileux de 10 à 100 hectolitres par hectare, et on a soin de les compléter en répandant en outre sur les mêmes terres des fumiers ou engrais organiques.

Dans l'ouest de la France, les cultivateurs emploient beaucoup de cendres ou de charrées, comme on les appelle encore. D'après les analyses faites par MM. Moride et Bobierre, elles renferment en moyenne :

Matières organiques...............	6,2
Silice.......................	35 5
Sels solubles.................•••..	2,3
Phosphate de chaux et de fer.....	16,8
Carbonate de chaux.............	36 2
Magnésie	3,0

Ces cendres lessivées sont moins actives que les cendres vives, mais elles agissent pendant plus d'années. On a remarqué en Angleterre que leur action se faisait sentir pendant dix, quinze et même vingt ans.

Cendres de tourbe. — Les tourbes sont, comme on sait, des végétaux qui sont restés pendant un temps considérable sous l'eau ; ces végétaux, dans la décomposition lente qu'ils ont subie, ont perdu presque tous leurs sels solubles et une partie de leurs sels de chaux, dissous par l'eau souvent acide qui les submergeait ; des matières terreuses s'y sont d'ailleurs mélangées en proportions diverses.

Les cendres de tourbe sont donc très variables dans leur composition. MM. Payen et Richard les rangent en deux classes : les unes calcaires, lorsque les carbonates de chaux et de magnésie y dominent ; les autres argileuses, si l'argile est prédominante ; quelques autres sont en outre mêlées de sable.

D'après ces chimistes, les cendres calcaires de tourbe renferment de 30 à 35 centimètres cubes de carbonate de chaux et de magnésie, et quelquefois du sulfate de chaux ; le surplus est formé d'argile, de sable, d'oxyde de fer.

Les cendres des tourbes argileuses contiennent les mêmes substances ; mais les composés calcaires ne s'y rencontrent que dans de faibles proportions(de 2 à 5 ou 6 centièmes). Ces cendres, suivant leur composition, constituent donc des amendements calcaires, ou argileux, ou sableux. Il importe donc de distinguer leur nature, afin de les appliquer seulement aux terres qu'elles peuvent améliorer.

Les cendres de houille sont moins fertilisantes que celles de tourbe ; la houille, comme la tourbe, contient de l'azote, qui disparaît par la combustion.

Les cendres de tourbe ont une action très grande sur les légumineuses. Leur utilité est si bien connue en Flandre qu'un proverbe dit : *Celui qui achète des cendres de tourbe pour son trèfle fait un bon marché, et celui qui n'en achète pas le paye deux fois.*

Les cultivateurs des coteaux riches en principes salins de la Bourgogne les vendent à ceux des plaines de la rive gauche de la Saône. Un commerce à peu près semblable a lieu entre les collines du Poitou et les marais de cette province, entre les montagnes et quelques vallées de la Lorraine. Partout elles peuvent être utilement employées sur les prairies, surtout dans les terres sèches.

Sur les céréales, elles donnent de la consistance aux tiges et augmentent la quantité du grain.

On peut aussi les employer dans le courant de l'été sur le tabac, le maïs, le sarrasin, le houblon.

Mais elles sont surtout favorables aux prairies artificielles, aux légumineuses ; elles font pousser ces plantes même dans les prairies basses.

D'après Mathieu d'Epinal, les cultivateurs des Vosges ne connaissent pas d'engrais plus actifs que les cendres. Mises sur les choux, les navets, le colza, elles en activent la végétation et détruisent les insectes nuisibles. Nous pensons à cet égard que, contrairement aux fumiers qui contiennent beaucoup d'œufs et de larves d'insectes, les cendres n'en comportant point ne peuvent donner naissance à ces insectes ; c'est sans doute pourquoi on dit qu'elles les détruisent.

M. Magne assure qu'il est très avantageux de les employer sur les récoltes d'automne, mais il faut en mettre la moitié avant l'hiver et l'autre moitié au printemps.

Les cendres vives sont employées à la dose de 20 à 35 hectolitres par hectare. On peut en mettre de plus fortes quantités dans les contrées humides que dans le Midi.

On met jusqu'à 100 et 150 hectolitres de cendres lessivées et de tourbes sur le même terrain.

Le prix de ces cendres varie, suivant les localités, entre 50 et 75 centimes l'hectolitre.

Carrière de cendres pyriteuses, à Flize.

Cendres pyriteuses. Cendres de Picardie.

Dans le pays de Bray, dans la Somme et l'Aisne, ou trouve, à une légère profondeur ou à la surface du sol, des couches de lignite et d'argile contenant en diverses proportions du sulfure de fer, de la chaux, de la silice et des sulfates, et ces sels sont mélangés des débris végétaux tourbeux. Réunis en tas et laissés à la surface de la terre, des réactions se forment. Le soufre se combine lentement avec l'oxygène de l'air; il devient acide sulfurique, qui, avec la silice, le fer et la chaux, donne de l'alun, du sulfate de fer et du sulfate de chaux.

Ces réactions obtenues, on lessive quelquefois les cendres qui en résultent pour en séparer l'alun. Le résidu s'appelle cendres vitrioliques.

Calcinés, les lignites, auxquels on donne aussi le nom de terres noires, constituent les cendres rouges, ainsi nommées à cause du peroxyde de fer rougeâtre qui se produit sous l'influence de l'air et de la chaleur.

D'après MM. Girardin et Bidard, les cendres de Picardie renferment pour 100 : azote 0,66, et celles de la Seine-Inférieure 2,72. Ces dernières sont ainsi composées :

Matières organiques solubles	2,74
Matières organiques insolubles	49,83
Sable	38,92
Sulfate de fer	1,79
Sulfure et oxyde de fer	6,72

Ces cendres doivent leurs propriétés fertilisantes à l'azote et au sulfate de chaux. Quand elles ont été fortement chauffées, elles agissent comme amendement des terres fortes par l'argile calcinée qu'elles renferment.

Distribution. — Elle se fait comme pour le fumier, par tas d'abord, puis on les épand ensuite, ou bien sans faire de tas ; on les charge dans un tombereau, d'où on les projette à la pelle. Il en faut au moins 15 à 20 hectolitres par hectare.

Cendres des plantes marines.

Les plantes marines sont brûlées dans le but d'en extraire les produits qu'elles renferment, ou simplement comme combustible.

D'après des analyses faites en Ecosse sur les diverses espèces du genre *Fucus*, les plantes marines renferment à peu près pour 100 :

Potasse	11,69
Soude	12,57
Chaux	11,33
Magnésie	8,29
Chlorure de sodium	20,62
Iodure de potassium	1,33
Acide sulfurique	19,77
Acide phosphorique	2,19
Fer, silice, charbon	12,21

Comme le fait remarquer M. Magne, il suffit de jeter un coup d'œil sur cette analyse pour apprécier la valeur comme engrais de ces cendres et des plantes marines en général ; il ajoute que, lorsqu'elles n'ont pas été lessivées, elles doivent agir fortement sur le terreau, sur les sols tourbeux et sur les silicates, qu'elles décomposent par la forte quantité d'alcalis qu'elles renferment.

Cette cendre s'emploie à la dose de 20 à 30 hectolitres par hectare; on doit alterner son emploi avec celui des fumiers. Son prix varie, suivant les pays, entre 1 fr. 50 et 2 fr. 50.

Falsifications. — La cendre des plantes marines n'est pas toujours livrée pure à l'agriculture; celle de la presqu'île de Gallat (Finistère) est mêlée à une certaine quantité de terre noirâtre ou à des bouses de vaches qui ont été employées comme combustible après les avoir fait sécher au soleil.

Les cendres qui proviennent du goëmon qu'on brûle sur les côtes et dans les îles de la Vendée sont mêlées à des vases de mer.

Suie.

La suie est une matière plus ou moins noire, composée de substances diverses enlevées aux combustibles et aux aliments par l'action mécanique de la chaleur sous forme de fumée. Prise dans les cheminées, elle est composée, d'après Braconnot, de :

Acide ulmique............................	30,2
Charbon...............................	3,9
Matière azotée.........................	20
Sulfate de chaux......................	5
Carbonate de chaux...................	14,7
Acétate de potasse, de chaux, de magnésie et d'ammoniaque..........	10,5
Phosphate de chaux...................	1,5
Silice, oxyde de fer, chlorures.......	1,7
Eau...................................	12,5

La suie qui est près du foyer de combustion est plus riche en sels, par conséquent plus fertilisante que celle de la partie supérieure des cheminées; celle de la houille renferme moins d'acide acétique, moins de matières alcalines et plus d'azote que celle du bois.

D'après MM. Boussingault et Payen, l'une en a 1,59 et l'autre 1,31 pour 100.

Son action fertilisante est due aux sels qu'elle contient. On l'emploie depuis 15 jusqu'à 50 hectolitres à l'hectare ; elle est très favorable aux céréales, aux trèfles et au colza, aux prairies naturelles.

En général, la suie n'a d'action véritablement favorable que lorsqu'elle a été répandue sur des sols frais, exempts d'humidité surabondante. Si l'on doit l'employer sur des prairies très humides, il faut préalablement dessécher le gazon au moyen du drainage.

On prétend que son odeur forte éloigne les pucerons des colzas et des houblons.

LOI RÉPRESSIVE DES FRAUDES DANS LA VENTE DES ENGRAIS

A la suite de l'enquête sur les engrais industriels faite en 1864 par ordre du gouvernement, la commission présidée par M. Dumas avait demandé la révision des lois de 1851 et de 1857, qui étaient loin de protéger suffisamment les cultivateurs contre les fraudes de plus en plus nombreuses pratiquées sur toutes les matières fertilisantes, même sur les vidangés et les fumiers, et comme complément un projet de loi portant un ensemble de dispositions très propres à moraliser le commerce des engrais.

Satisfaction a été donnée à cette requête, puisqu'en

juillet 1867 le Corps législatif a voté et le pouvoir exécutif a promulgué la loi dont la teneur suit. Il est essentiel que tous les agriculteurs en aient connaissance.

Art. 1er. Seront punis d'un emprisonnement de trois mois à un an et d'une amende de 50 à 2000 francs :

1° Ceux qui, en vendant ou en mettant en vente des engrais ou amendements, auront trompé ou tenté de tromper l'acheteur soit sur leur nature, leur composition ou le dosage des éléments qu'ils contiennent, soit sur leur provenance, soit en les désignant sous un nom qui, d'après l'usage, est donné à d'autres substances fertilisantes ;

2° Ceux qui, sans avoir prévenu l'acheteur, auront vendu ou tenté de vendre des engrais ou amendements qu'ils sauront être falsifiés ou avariés.

Le tout sans préjudice de l'application de l'article 1er, § 3, de la loi du 27 mars 1851, en cas de tromperie sur la quantité de la marchandise.

Art. 2. En cas de récidive commise dans les cinq ans qui ont suivi la condamnation, la peine pourra être élevée jusqu'au double du maximum des peines édictées par l'article 1er de la présente loi.

Art. 3. Les tribunaux pourront ordonner que les jugements de condamnation soient par extrait ou intégralement, aux frais des condamnés, affichés dans les lieux et publiés dans les journaux qu'ils détermineront.

Art. 4. L'article 463 du Code pénal est applicable aux délits prévus par la présente loi.

*Circulaire adressée à **MM.** les procureurs généraux
par **M.** Dufaure, ministre de la justice, le 23 mars 1875.*

Monsieur le procureur général,

Des conseils généraux, des chambres consultatives d'agriculture et diverses associations agricoles ont souvent exprimé le vœu que le ministère public prît plus fréquemment l'initiative des poursuites pour la repression des fraudes dans la vente des engrais. A l'appui de ce vœu, on fait observer que les cultivateurs ne reconnaissent les fraudes dont ils sont victimes qu'après la récolte et la disparition du corps du délit ; qu'en conséquence les marchands d'engrais peuvent alors expliquer les causes de l'insuccès par les conditions du sol, les modes de culture ou la mauvaise qualité des semences employées. Les cultivateurs s'abstiennent, dans ces circonstances, de porter leurs réclamations devant la justice, et la fraude demeure impunie.

Les raisons qui empêchent la plupart du temps les particuliers de saisir directement les tribunaux sont évidemment de nature à paralyser aussi l'action du ministère public. Il est, toutefois, désirable que les entreprises frauduleuses du commerce dans la matière dont il s'agit soient activement poursuivies et réprimées. A cet effet, M. le ministre de l'agriculture et du commerce se propose d'inviter les membres des chambres consultatives d'agriculture, les membres des bureaux dirigeant les associations agricoles, ainsi que les professeurs d'agriculture, à dénoncer, après expertise, les fraudes qui auraient été constatées dans la vente des engrais. En présence des faits délictueux attestés par des hommes compétents, les parquets ne pourront pas hésiter à déférer les coupables à la justice et à requérir contre eux de sévères condamnations. Il sera ainsi donné satisfaction aux vœux légitimes exprimés par les représentants naturels des intérêts agricoles.

Circulaire du ministre de l'agriculture et du commerce, aux chambres consultatives, etc.

La loi du 27 juillet 1807, relative à la répression des fraudes commises dans le commerce des engrais, est restée trop souvent inexécutée, à cause de difficultés qu'éprouvait la constatation du délit. Aussi a-t-on fréquemment demandé que le ministère public prît, dans ce cas, l'initiative des poursuites.

Mais MM. les membres du Parquet hésitaient à le faire, parce que cette initiative offrait plusieurs inconvénients, dont le plus grave était de donner à la poursuite un caractère préventif que la loi lui a refusé.

Une entente est intervenue dernièrement à ce sujet entre mon département et celui de la justice. Il a été reconnu que les poursuites d'office étaient nécessaires, mais que, pour lever les obstacles qu'elles rencontraient, elles n'auraient lieu que lorsque les faits délictueux auraient été signalés à MM. les membres du Parquet par des hommes compétents et ayant qualité pour prendre en main les intérêts des cultivateurs.

Il a été encore décidé que MM. les membres des chambres consultatives d'agriculture, les membres des bureaux des associations agricoles et les professeurs d'agriculture ou de chimie agricole réunissaient à cet égard les conditions désirées.

Par un circulaire du 23 mars dernier, M. le Ministre de la justice a informé MM. les procureurs généraux de la mesure concertée avec mon ministère et les a invités à s'y conformer.

De mon côté, je dois vous faire connaître les règles suivant lesquelles votre intervention devra se produire.

Dès qu'un marchand ou fabricant d'engrais aura affiché et mis en vente dans le ressort de votre circonscription une matière quelconque annoncée comme engrais, je vous engage à en acheter une quantité suffisante pour une analyse chimique, en vous faisant délivrer une facture sur laquelle seront énoncées les quantités et qualités d'éléments indiqués comme formant la composition de cette matière.

Vous ferez alors procéder à l'analyse de cet échantillon, et, si l'opération constate des différences assez notables, vous adresserez un rapport, ainsi que la facture et le procès-verbal d'analyse, à M. le procureur de la République.

Il est entendu que ces différences devraient être assez importantes pour neutraliser les effets que le vendeur aurait assignés à la marchandise, et que vous n'aurez pas à rechercher si celle-ci est bonne et sans effets utiles, parce que c'est aux cultivateurs qu'il appartient d'apprécier si la matière offerte convient à leurs terrains et à leurs cultures, ou à se renseigner à ce sujet auprès des hommes compétents.

Vous ne devez, en un mot, vous attacher qu'à vérifier la sincérité de la déclaration du marchand ou fabricant.

La liberté du commerce restera ainsi respectée : mais les opérations commerciales auront une garantie sérieuse.

Je compte, monsieur, sur votre zèle et votre dévouement aux intérêts de l'agriculture pour assurer l'exécution d'une mesure qui tend à éviter aux cultivateurs et à la production générale du pays des dommages fort sensibles, puisqu'à la perte d'argent se joint celle des récoltes.

Recevez, monsieur, l'assurance de ma considération distinguée.

Le ministre de l'agriculture et du commerce,

C. DE MEAUX.

Des fumiers.

Les fumiers sont encore les meilleurs engrais quand on peut en produire suffisamment ; tous les cultivateurs font des fumiers et il leur importe essentiellement de savoir bien les préparer.

Les fumiers se forment avec des débris de végétaux, généralement des pailles, auxquels s'ajoutent les matières fécales et les urines.

D'après leur richesse en azote, les meilleures pailles sont le seigle, l'orge, le froment, l'avoine, le sarrasin, le colza, le millet.

La paille qui absorbe le mieux l'humidité est la paille de froment ; c'est pourquoi elle convient très bien pour la litière. Il faut d'autant plus de litière que les déjections sont plus liquides.

John Sinclair a remarqué que la paille simplement pourrie par l'effet des pluies double son poids ; tandis que, si elle pourrit mélangée avec les déjections du bétail, elle donne quatre fois plus de fumier.

Les urines sont d'excellents engrais, qui ne peuvent qu'ajouter à la valeur du fumier.

L'urine des mammifères herbivores est jaunâtre, trouble, d'une odeur désagréable et présente les caractères suivants :

Elle est alcaline, ce qui est dû à la présence des bicarbonates alcalins, de chaux, de magnésie et aussi d'ammoniaque.

Elle contient de l'acide hippurique qui, comme l'urée et l'acide urique, est un composé quaternaire, c'est-à-dire formé de carbone, d'hydrogène, d'oxygène et d'azote.

L'urine des herbivores est la plus riche en azote.

L'urine de cheval se distingue par sa couleur rougeâtre et une odeur qui lui est particulière.

L'urine des veaux non sevrés est transparente, presque incolore, fortement acide; elle renferme une forte proportion d'eau, de l'urée, de l'acide urique et pas d'acide hippurique; elle contient aussi beaucoup de phosphate, de magnésie et des sels de potasse.

L'urine du porc, animal omnivore, est ordinairement transparente, presque inodore, d'une réaction franchement alcaline; elle ne renferme ni acide urique ni acide hippurique; mais c'est la seule où l'on trouve des traces de phosphates.

L'urine excrétée par les moutons n'est guère que la moitié des excréments solides; celle du porc en forme plus que le double : elle exige donc plus de litière.

L'alimentation influe considérablement sur la nature des urines du même animal. Les animaux nourris avec des fourrages secs donnent moins d'urine que ceux qui broutent des herbes fraîches, mais les urines des premiers sont plus riches en sels et en principes azotés que celles des derniers.

On comprend ainsi que l'urine rendue immédiatement après le repas soit moins animalisée que celle du matin.

Une vache donne 8 kilogr. 200 d'urine par jour, soit près de 3000 kilogrammes par an, c'est-à-dire de quoi fumer 24 ares de terre.

Un cheval émet 1 kilogr. 50 d'urine par jour, soit 547 kilogrammes par an, c'est-à-dire de quoi engraisser 7 ares.

Ces chiffres suffisent pour faire comprendre quel parti le cultivateur peut tirer des urines des animaux, auxquelles on donne aussi le nom de purin, mais qu'il ne faut pas confondre avec le purin de fumier, que nous étudierons plus loin.

Quand les urines ne s'écoulent point au dehors de l'étable, il faut nécessairement plus de litière.

La valeur de la litière constitue celle des fumiers, qui ne sont que des litières pourries, à un degré de fermentation ou de putréfaction lente, suffisante pour être employés comme engrais.

Suivant que les litières sont mêlées à des excréments de nature différente, les fumiers ont des propriétés physiques et chimiques distinctes : le fumier de cheval ne ressemble pas au fumier de porc ; celui du mouton diffère de celui de la vache.

Le *fumier de vache* ou de bœuf, dont les excréments sont aqueux, est moins énergique que celui de cheval ; il agit plus lentement, d'une manière plus continue, plus égale ; il convient mieux aux terrains calcaires, surtout dans les années de sécheresse. On peut l'employer également sur les terres siliceuses, légères, perméables, chaudes, qui absorbent promptement les engrais. Une vache qui consomme en vingt-quatre heure 15 kilogrammes de pommes de terre, 7 kilogr. 500 de foin, 60 kilogrammes d'eau, rend en moyenne 28 kilogr. 413 d'excrément à l'état humide et 8 kilogr. 200 d'urine.

Le *fumier des bœufs* est plus riche que celui des vaches ; il contient plus d'azote et de phosphates. Les vaches emploient ces éléments à fournir du lait ou à produire un veau.

Le fumier de cheval est réputé plus chaud que celui des autres animaux ; mais, pour cela, il faut qu'il soit enfoui en terre à l'état frais ; quand il a fermenté, il perd beaucoup de sa valeur et prend facilement le blanc. Il est nécessaire de l'arroser. Seul il convient aux terrains froids et humides. Mêlé avec le fumier des étables, ou peut le mettre sur toutes les terres.

Le fumier de mouton est le meilleur, le plus substantiel, celui qui à poids égal produit les effets les plus marqués. Quoique moins chaud que le fumier de cheval, il est aussi actif. Son action est plus prolongée et aussi durable que celle du fumier des bêtes à cornes ; il convient à tous les terrains, spécialement aux sols argileux et froids ; il convient surtout aux plantes oléagineuses. Employé en trop grande quantité, il fait que l'orge donne moins d'amidon et la betterave moins de sucre.

Le fumier des bergeries, formé de crotin, de litière, d'urine et de suint, est moins chaud que le fumier de porc.

Les brebis fournissent plus d'engrais que les moutons ; on peut leur donner un parc plus grand. De même, pendant le printemps et l'automne, on peut agrandir le parc. Les déjections sont, en raison de la nourriture, beaucoup plus abondantes.

Le fumier de porc, peu apprécié chez nous, est très estimé en Angleterre : cela tient à ce que les porcs sont mieux nourris en ce pays qu'ici. Mélangé avec celui des vaches et des chevaux, il ne produit pas mauvais effet.

Le fumier de lapin domestique est aussi actif, aussi chaud que le fumier de mouton ; il ne contient pas plus d'humidité ; il est bon pour les terres argileuses et argilo-calcaires.

Le fumier de chèvre rappelle celui ·des bêtes à laine, mais il est plus concentré et plus riche à poids égal.

Le fumier des ânes et des mulets se rapproche du fumier de cheval ; néanmoins il n'est pas si fertilisant, parce qu'il provient d'aliments moins substantiels.

La colombine ou fiente des pigeons est un engrais beaucoup moins commun aujourd'hui qu'autrefois, car les colombiers ont disparu dans la plupart des fermes.

Cet engrais est très énergique ; il est trop chaud pour être appliqué sur les sols légers et secs ; il convient spécialement aux terres argileuses froides, humides.

Dans le département du Nord, on l'applique de préférence au lin à la dose de 2000 kilogrammes à l'hectare.

Dans le pays de Caux, on l'utilise principalement pour l'orge, dans la proportion de 1080 à 1090, quelquefois même 2100 litres par hectare ; cette fumure revient de 125 à 200 francs. Dans le Pas-de-Calais, on loue un pigeonnier à raison de 100 francs par an ; chaque colombier contient de cent à cent cinquante pigeons et donne une bonne voiture d'engrais, qui suffit pour fertiliser un hectare. On calcule que 100 pigeons fournissent annuellement de 800 à 850 litres de déjections.

La colombine est très riche en azote : elle renferme 8,3 pour 100 d'azote; elle vaut de 5 à 6 francs l'hectolitre, soit 10 à 12 francs les 100 kilogrammes.

Les fientes des poules et des dindons sont celles qui se rapprochent le plus de la colombine pour leur énergie, viennent ensuite celles des oies et des canards.

La fiente de volailles ne doit pas, comme cela a lieu trop souvent, rester plus de quatre mois dans le poulailler; autrement elle perd de ses qualités fertilisantes. De même aussi, elle ne doit pas être employée immédiatement, car elle brûle les plantes et détruit la faculté germinative des semences; il ne faut l'employer que quand elle a jeté son feu.

Fientes mixtes. — Dans presque toutes les fermes, les fumiers des différents animaux sont mêlés ensemble; cela forme un fumier mixte qui est bon. Les urines s'y trouvent ajoutées directement ou recueillies séparement et ajoutées ensuite.

De la confection des fumiers. — *Fumier de cheval.* — Il ne faut pas laisser trop longtemps les fumiers s'amonceler dans les écuries, les étables ou les bergeries; surtout quand elles sont petites et mal aérées. Les vapeurs ammoniacales qui se dégagent de ces fumiers nuisent à la santé des chevaux. Le fumier qui reste trop longtemps dans l'atmosphère de l'écurie perd son azote. L'important, c'est d'avoir soin, à mesure que les matières ammoniacales se dégagent, de mettre de la litière qui les retient et les empêche de se répandre dans l'atmosphère de l'écurie.

Quand il y a certaine quantité de fumier ainsi formée, on l'enlève.

Fumier de mouton. — Le fumier de mouton n'a pas la même disposition à fermenter que celui des chevaux; on peut le garder pendant des mois entiers à la bergerie, le piétinement du mouton est très favorable à la bonne confection du fumier, et à l'abri des intempéries la fermentation s'accomplit lentement, régulièrement. Mais, s'il est utile de n'enlever le fumier des bergeries que quand les couches successives de paille ont été imbibées d'urine et chargées d'excréments, le cultivateur ne doit pas oublier qu'un très grand amas de litière et de déjections peut avoir de graves inconvénients pendant l'été. — On sera averti de la nécessité d'enlever le fumier quand, en entrant dans la bergerie, on éprouve de la chaleur et une forte odeur ammoniacale.

La litière doit être renouvelée assez souvent; autrement les gaz ammoniacaux qui pénètrent dans la toison agissent sur le suint et le transforment à la longue en un savon dont les propriétés ne sont pas celles de la matière huileuse à laquelle le brin de laine emprunte son brillant et sa souplesse.

Fumier des bêtes à cornes. — On peut dans les étables obtenir deux sortes de fumier ou d'engrais, l'engrais liquide, l'engrais solide. Le premier, qui est préférable pour la culture herbagère, peut se composer des urines et même des déjections solides quand les animaux sont nourris au vert, le tout pour être reçu dans une rigole établie derrière les bêtes et conduisant à une fosse à purin. Quand le sol est bien pavé ou bitumé, les déjections solides peuvent être enlevées chaque jour par des lavages et entraînée avec les urines. On peut ainsi se passer de litière, car les bêtes bovines souffrent moins que les chevaux de coucher directement sur le sol. L'engrais liquide ainsi recueilli est excellent pour les prairies.

Fumier solide pour la culture arable. — Pour ce fumier, qui est celui qu'on fait communément dans les fermes, il est nécessaire que les déjections liquides soient absorbées par la litière qui se mélange aux déjections solides. Dans ce cas, il faut renouveler la litière tous les jours, et d'autant plus que l'alimentation des animaux leur fait produire des déjections plus liquides.

Le séjour du fumier dans les étables est variable suivant le climat et l'espace dans lequel il se trouve.

Dans le Midi, le fumier doit séjourner dans l'étable le moins de temps possible; il doit être enlevé tous les deux ou trois jours, logé sous un hangar et arrosé tous les jours avec du purin.

Dans le nord et le centre de la France, on peut enlever la litière tous les huit ou douze jours; on obtient ainsi de bons fumiers sans compromettre la santé des animaux, on peut même arriver à faire complètement le fumier dans l'étable.

A la colonie de Mettray, M. Brame a fait adopter depuis plus de vingt ans un système de fabrication du fumier qui se rapproche de celui que nous venons de citer.

L'étable étant creusée à 1 mètre de profondeur en contre-bas du sol, on étend une couche de terre ou de marne sèche de 10 à 20 centimètres sur le fond de la fosse, qui peut consister simplement en terre argileuse battue ou mieux en béton. Cette première couche de terre ou de marne doit absorber peu à peu l'excès des urines qui s'échappe des couches supérieures, et immédiatement au-dessus d'elle on établit la litière proprement dite, consistant en lits alternatifs de paille ou d'ajoncs et de terre ou de marne pulvérulente, atteignant au plus 0,4 de hauteur.

La paille ou les ajoncs doivent toujours recouvrir la terre ou la marne, si l'on veut empêcher la déperdition de l'ammoniaque; c'est une condition indispensable pour bien fabriquer le fumier de ferme, mélangé de matières terreuses. Le piétinement des animaux contribue à arrêter la déperdition du gaz.

D'après M. Brame, l'engrais ainsi fabriqué est onctueux, imprégné de toutes les urines; néanmoins il ne contient que 65 pour 100 d'eau et dose 0,55 d'azote, c'est-à-dire qu'il est plus riche en principes actifs que les fumiers ordinaires préparés dans les cours à ciel ouvert; cela tient à ce qu'il ne se dessèche pas par les vents, ni par les ardeurs du soleil pendant l'été, et qu'il n'est pas lavé par les pluies d'hiver.

L'agriculteur, dit M. Brame, évite ainsi la mise en forme dans les cours et l'arrosage avec le purin, qui entraînent une dépense considérable. La longue accumulation, pendant deux mois environ, d'une couche de fumier aussi épaisse, pouvait faire craindre pour la santé des animaux, et on pouvait appréhender le ramollissement de la corne des pieds; mais il n'en a rien été, et les maladies n'ont pas été plus fréquentes que dans les étables nettoyées tous les jours.

L'administration de la guerre a fait exécuter des expériences semblables dans les écuries des casernes. On élevait successivement la litière des animaux, de manière que les couches les plus imprégnées restassent toujours dessous; on n'enlevait le fumier que tous les huit jours.

Ce qui confirme ce que nous avons dit qu'on ne peut

enlever la litière des étables et des écuries ordinaires que tous les huit ou douze jours.

De la fermentation dans les fumiers. — Lorsque les litières imprégnées de déjections animales sont accumulées en quantité suffisante, il s'y fait une fermentation; la chaleur augmente, et il se dégage d'abondantes vapeurs, et parmi les produits volatils résultant de la fermentation se trouve le carbonate d'ammoniaque, qu'il importe de ne pas laisser échapper.

Pour retenir le carbonate d'ammoniaque, il faut entretenir dans la masse un état convenable d'humidité et ménager autant que possible l'accès de l'air atmosphérique. L'addition journalière des litières nouvelles amenées des étables sur le tas de fumier contribue puissamment à empêcher la dispersion des principes volatils si importants. On peut encore recouvrir le *fumier* de terre végétale, qui, imprégnée des principes volatils, deviendrait un excellent engrais.

La fermentation ou la combustion lente qui se produit dans un tas de fumier explique la diminution de poids considérable qu'il éprouve peu à peu et aussi l'utilité qu'il y a de la ralentir par des arrosements du purin.

M. Paul Thénard a cherché à se rendre compte des réactions chimiques qui s'accomplissent dans les tas de fumier : glucose, azote, acide humique, acide fumique, beurre noir, voilà les transformations successives qu'éprouvent les éléments principaux du fumier. C'est le carbonate d'ammoniaque provenant des urines qui est l'agent provocateur de ces transformations en agissant sur les matières végétales solubles des litières. Comme ces matières animales produisent également dans ces conditions des composés fumiques utiles, il s'ensuit que tous les résidus d'origine animale doivent, comme les détritus végétaux, être conduits au tas de fumier.

Fosse à fumier.

La conséquence naturelle de la nécessité d'une fermentation lente pour la bonne confection du fumier est qu'au lieu d'étendre le fumier sur une vaste surface, où il est alternativement délayé par les eaux pluviales, desséché par le vent et le soleil, il est plus rationnel de restreindre et de limiter l'emplacement qu'il doit occuper. Cet emplacement peut être une plate-forme comme à Roville et à Grignon, ou une fosse, ainsi que l'a recommandé M. Boussingault.

Fosse ou plate-forme, l'emplacement du fumier doit être situé à proximité des étables, et il doit être disposé de manière à satisfaire aux prescriptions que nous allons indiquer.

1° Le purin qui suinte du fumier doit être recueilli sans perte aucune dans un réservoir étanche, d'où il pourra facilement être repris et au besoin déversé sur le tas.

2° Le fumier ne doit recevoir que l'eau pluviale qui tombe directement à sa surface; il faut donc que l'emplacement soit garanti contre l'accès des eaux courantes intérieures.

3° L'emplacement doit être assez grand pour que l'on ne soit pas obligé d'amonceler le fumier à plus de 2 mètres 5 de hauteur.

4° Il faut que l'approche des voitures soit aisée, leur chargement commode, et que les chevaux n'aient pas à faire de trop grands efforts pour enlever une charge ordinaire.

Le purin de fumier, appelé lait de fumier, bouillon de jardinier, n'est pas aussi riche que le purin d'étable, parce qu'il contient beaucoup moins d'urine et qu'il renferme énormément d'eau de lavage, d'eau de pluie, ce qui se rencontre fréquemment dans les fermes où les fosses à fumier sont mal aménagées.

Cependant le purin du fumier, quand il a été recueilli dans de bonnes conditions, quand il ne renferme que de l'eau chargée de matières solubles contenues dans le fumier et qu'il n'est pour ainsi dire que du fumier liquide est excellent.

Modes d'emploi des urines et du purin. — Les urines des animaux qu'on recueille dans des fosses situées près des étables et des écuries ne sont pas employées fraîches : elles doivent avoir subi une certaine fermentation ; c'est pour cela qu'on les recueille dans des fosses pour qu'elles perdent leur action corrosive et qu'elles ne brûlent pas les plantes. Mais si cette fermentation se prolonge trop, l'urée se transforme en carbonate d'ammoniaque, qui se volatilise avec la plus grande facilité ; c'est pourquoi on a conseillé d'ajouter aux urines du plâtre, de la couperose verte, de l'huile de vitriol, etc.

Le meilleur emploi des urines, c'est de les mélanger avec des matières solides, de les faire entrer dans la formation des composts, de s'en servir pour arroser les fumiers.

Le purin est surtout bon pour les prairies artificielles, et, si l'on alterne cet engrais avec du plâtre, on en obtient les meilleurs résultats.

Les sols légers, sablonneux ou calcaires s'accommodent très bien du purin dont l'action est très rapide, mais aussi moins durable que celle du fumier.

Nous ferons observer enfin que le purin ne doit jamais être employé, alors que le sol est trop chaud et trop sec.

Toujours est-il que les cultivateurs, comme le fait observer avec raison M. Girardin, feront bien de paver le sol de leurs étables et écuries et de lui donner une légère inclinaison pour que les urines non absorbées par la litière puissent se rendre par une rigole dans une citerne placée en contre-bas, en dehors des bâtiments. Ils pourront ensuite les utiliser pour arroser soit les tas de fumier, soit les prairies naturelles et artificielles au printemps.

Fosse à fumier : description par l'agronome latin Columelle. — Ayez deux fosses à engrais, l'une pour recevoir les nouvelles curures de vos étables et les conserver pendant un an, tandis que l'on emploiera le fumier ancien contenu dans l'autre. Toutes deux seront, comme les piscines, sur un sol légèrement incliné, murées et pavées de manière à ne laisser échapper ni infiltrer aucun liquide, car il est très important de conserver au fumier toute sa force en évitant la dessiccation des sucs et de le laisser macérer dans une continuelle humidité. De cette manière, s'il se trouve mêlées aux litières et aux pailles quelques graines d'épines ou de mauvaises herbes, elles pourrissent et ne vont pas salir les récoltes des champs sur lesquels on les porte avec l'engrais. Les cultivateurs habiles couvrent avec des claies de branchage tout ce qu'ils ont retiré de leurs bergeries et de leurs étables, pour empêcher qu'il ne soit desséché par les vents ou brûlé par les rayons du soleil.

Fosse à fumier de Bernard Palissy dans sa recepte véritable. — « Si tu veux que ton fumier te serve à

plein et à outrance, il faut que tu creuses une fosse
en quelque lieu convenable près de tes estables, et
icelle fosse creuse en manière d'un claune, ou d'un
abreuvoir, faut que tu paves de cailloux ou de pierres
ou de briques le dit claune ou fosse, et iceluy bien
pavé avec du mortier de chaux et de sable; tu porteras tes fumiers pour garder en la dite fosse jus-

Hangar à fumier muni d'un abri.

qu'au temps qu'il le faudra porter aux champs. Et
afin que le dit fumier ne soit pas gasté par les pluyes
ni par le soleil, tu feras quelque manière de loge
pour couvrir le dit fumier; et quand il viendra au
temps des semailles, tu porteras le dit fumier dans le
champ, avec toute sa substance, et tu trouveras que
le pavé de la fosse ou réceptacle aura gardé toute la
liqueur du fumier, qui autrement se fust perdue, la

terre eut sucé partie de la substance du dit fumier; et te faut icy noter que si, au font de la fosse ou réceptacle du dit fumier, se trouve quelque matière claire, qui sera descendue des fumiers et que la dite matière ne se puisse porter dans des paniers, il faut que tu prennes des basses (bassin de bois) qui puissent tenir l'eau, comme si tu voulois porter de la vendange, et alors tu porteras la dite matière claire, soit urine des bêtes, ou ce que tu voudras. Je t'assure que c'est le meilleur fumier, voire le plus salé; et si tu le fais ainsi, tu rapporteras à la terre la mesme chose qui lui avoit esté ostée par les accroissements des semences, et les semences que tu y mettras après reprendront la mesme chose que tu y auras portée. Voilà comment il faut qu'un chacun mette peine d'entendre son art et pour quoy il est requis que les laboureurs ayant quelque philosophie; ou autrement, ils ne font qu'avorter la terre et meurtrir les arbres. »

Malgré ces excellents conseils, quand on parcourt nos campagnes, on est frappé de la négligence avec laquelle le fumier est généralement tenu. Les eaux pluviales des toits des bâtiments et des cours de ferme affluent dans la fosse à fumier et s'écoulent au-dehors, le plus souvent dans des mares ou des ruisseaux après avoir lavé la masse de fumier, en entraînant les parties solubles, c'est-à-dire les plus fertilisantes, et en ne laissant trop souvent que des débris pailleux d'une minime valeur. La plupart des cultivateurs perdent ce qui ferait leur fortune : le meilleur des engrais de ferme.

Pour remédier à ces inconvénients, M. Vandercolme a proposé d'établir un courant d'eau dans le trottoir qui généralement sépare les étables de la fosse, et à entourer les trois autres côtés de celle-ci d'un petit parapet en terre destiné à empêcher l'afflux des eaux pluviales. S'il n'y a pas de trottoir, ou qu'il ne soit pas possible d'y établir une rigole, il faut garnir la toiture d'une gouttière. Selon la disposition des lieux, on peut varier les petits travaux d'appropriation pour arriver à ne jamais laisser entrer les eaux voisines dans la fosse à fumier, afin de ne pas perdre une goutte de purin.

Dans le Midi, où le soleil est brûlant pendant l'été, où l'eau tombe abondamment au printemps et à l'automne, les fosses à fumier sont couvertes; c'est ce qu'on voit surtout en Provence. M. Raibaud Lange, directeur de la ferme-école de Paillerols, a adopté le système des fosses avec hangar. Son système a l'inconvénient d'être un peu coûteux; néanmoins il prétend qu'on retrouve bien cette dépense par la qualité du fumier.

M. Joigneaux n'est pas très partisan des fosses à fumier; il préfère la mise en tas des fumiers au-dessus du sol.

Si, dit-il, les fosses sont bétonnées et découvertes, l'eau des pluies y forme un purin qui, restant au fond, n'est pas commode à sortir. Si les fosses ne sont pas bétonnées, le purin se perd dans le sol. Voilà déjà deux inconvénients. Mais il en est d'autres encore. — Ainsi les fumiers blanchissent dans les fosses, parce qu'on ne prend pas la peine de les fouler; et enfin l'extraction du fumier est lente et pénible. On est forcé de le tirer de la fosse pour le jeter sur les bords et de là le jeter sur la voiture. Et quand on arrive au fond de la fosse, on y trouve une boue de fumier qu'on ne manie point comme on le voudrait.

Les plates-formes ne diffèrent de la fosse que par l'aire, qui est plus plane; elles ont été proposées et adoptées pour la première fois par Mathieu de Dombasle.

M. Heuzé a défini la plate-forme un espace presque plat et de niveau avec le sol sur lequel on a déposé et battu de petits cailloux, recouverts quelquefois de ciment et de mortier si le sol est perméable. Lorsque le fond est argileux, imperméable, il suffit alors de le battre et de lui donner une forme légèrement convexe afin que les urines ne séjournent pas sous le fumier. Sur les quatre coins de l'espace sur lequel le tas de fumier doit être établi règne une rigole destinée à conduire tout le liquide qui s'écoule dans un réservoir établi en dehors du tas sur l'un des côtés et muni d'une pompe foulante. En dehors de cette rigole, il doit exister une petite levée en gravier mêlé d'argile, de 1 mètre environ de largeur et d'une hauteur suffisante pour empêcher que le purin puisse jamais sortir des rigoles et que les eaux extérieures puissent s'y mêler. Cette petite levée ne doit avoir que 0,10 à 1,15 de hauteur. Il est utile de ne pas lui donner plus d'élévation qu'il n'est nécessaire, afin qu'elle ne gêne pas l'accès des voitures au moment où l'on transporte le fumier dans les champs.

Lorsque le sol est convenablement préparé, on y conduit le fumier, des étables, écuries, bergeries, etc., en ayant la précaution de le placer par couches épaisses et d'alterner autant que possible les variétés de fumier. Quand le tas est arrivé à une hauteur de 2 mètres à 2 m. 50 et que ses côtés sont bien perpendiculaires, bien verticaux, on le couvre d'une couche de terre, de boue de rues, de curures de routes ou de fossés, de 0 m. 25 à 0 m. 35 d'épaisseur. Cette terre a l'avantage d'agir par son poids sur la masse du fumier, de le tasser uniformément, de le priver de l'action de l'air, de condenser une partie des vapeurs ammoniacales qui se dégagent pendant la fermentation et de tempérer l'action quelquefois trop vive du soleil pendant l'été. Souvent aussi, cette couche empêche les volailles de gratter le tas et de jeter le fumier à terre. Ainsi comprimé, le fumier fermente plus régulièrement et plus promptement. Quand on néglige de couvrir d'une couche de terre les tas de fumier ainsi disposés, il est rare que les matières qui es composent se convertissent en une matière homogène.

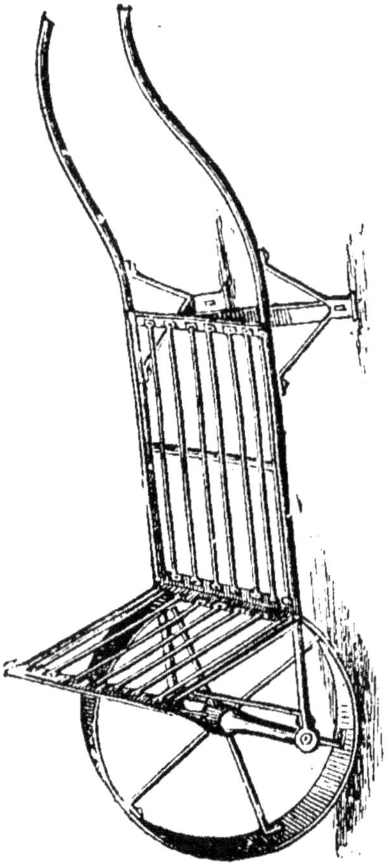

Voici comment à Grignon on prépare le fumier :

La surface d'une plate-forme a 20 mètres de long sur 6 de large; la fosse commune a deux plates-formes, de 5 mètres de long, 2 mètres de large et 2 mètres de profondeur.

Brouette en fer pour le transport du fumier.

Tous les jours, le matin et le soir, le fumier est

sorti des vacheries et des écuries et conduit directement au tas sur des brouettes. Pour confectionner ces tas, on commence par faire les bords sur les deux côtés de la longueur de la plate-forme et sur le bout opposé à celui par lequel arrive le fumier. Ensuite on accumule le fumier sur ce bout, d'abord dans toute sa largeur, en avançant peu à peu, de façon à obtenir une pente longitudinale sur laquelle on couche une planche qui facilite le roulage des brouettes jusque sur le tas pendant la durée de sa confection.

Les bords se font au moyen de fumier pailleux, en le traînant et en le tournant avec la fourche ; on le replie sur lui-même en dedans, ce qui forme à l'intérieur une sorte de bourrelet d'environ 30 centimètres d'épaisseur. Cet arrangement est utile pour élever les côtés du tas bien d'aplomb, empêcher l'introduction de l'air et la sortie du purin, et obtenir enfin un contour régulier et net de litière flottante. Le fumier des bêtes à cornes convient pour construire les bords du tas, non seulement parce qu'il présente plus de souplesse et de liant, mais encore parce que, exposé au contact de l'air, il n'est pas sujet à prendre le blanc, comme le fumier de cheval ou de mouton.

Le fumier des bêtes à laine n'est enlevé que toutes les trois semaines en hiver et seulement tous les six semaines en été. Celui des moutons est retiré plus souvent ; mais, afin de le laisser s'égoutter, on l'abandonne pendant quelque temps en petits tas dans les cours contiguës aux loges ; il s'ensuit que les deux espèces de fumiers sont amenés presque en même temps au tas commun, de façon que l'un puisse améliorer l'autre. Tous les deux sont d'ailleurs mêlés aussi bien que possible avec le fumier de chevaux et de vaches.

Le fumier de cour est relevé tous les mois : c'est un

composé boueux, plus ou moins abondant selon la quantité de débris de végétaux qui ont été mis à pourrir dans la cour. On l'amène au tas général, et on le répartit

Tonneau muni d'une pompe pour l'arrosage avec le purin.

en couches uniformes. On y répand également la fiente des volailles et les excréments obtenus dans la ferme.

Lorsque le tas de fumier est parvenu à la hauteur de 2 m. 50 à l'extrémité par laquelle on a commencé, le nouveau fumier qu'on amène sert à mettre le tas au même niveau dans toute la longueur, en allant successivement d'un bout à l'autre. Le plan incliné par lequel arrivent les véhicules devient de plus en plus rapide et, lorsqu'il est tout à fait inaccessible, les brouettes sont déchargées au pied du tas, que l'on achève à l'aide de la fourche.

Le fumier doit être arrosé suivant les besoins. En hiver, cette opération est inutile ; en été, on la renouvelle tous les huit ou dix jours. A cet effet, une pompe rustique de Valcourt est établie dans la fosse à purin et sert à élever le liquide à un niveau supérieur à la surface des tas.

Des rigoles mobiles, formées de deux feuilles de bois assemblées en V supportées au moyen de chevalets mobiles, reçoivent le purin et le conduisent dans un baquet placé sur le fumier. De là le purin, puisé avec une écope, est versé partout où il peut être utile. Souvent, à l'aide d'un pieu, on pratique dans le fumier des trous verticaux qui facilitent la pénétration du liquide dans toute l'épaisseur de la masse.

Lorsqu'un tas est terminé, on le recouvre avec une couche de terre, marne, gazon, boue des chemins, curures de fossés, etc. Cette couverture à laquelle on donne de 5 à 10 centimètres d'épaisseur, a pour objet de prévenir la dessiccation de la partie supérieure du tas et par suite la déperdition des gaz ammoniacaux. Elle empêche aussi le grattage des poules.

A Grignon, on fait un tas de fumier dans l'espace de trois à quatre semaines, et, comme on reste quelquefois trois mois sans pouvoir porter de fumier dans les champs, il est nécessaire d'avoir au moins quatre plates-formes.

Le temps nécessaire pour que le fumier arrive au

degré de décomposition désirable, celui où la paille encore facile à reconnaitre se désagrège facilement sous la pression des doigts, est d'environ six semaines dans la belle saison. La hauteur du tas s'est réduite alors d'un cinquième et n'est plus que de 2 mètres.

Dans l'intérieur de la masse, le poids d'un mètre

Pompe à purin.

cube est de 800 kilogrammes ; mais, lors du chargement sur les voitures , il foisonne du tiers de son volume, de sorte que le contenu d'un tombereau cubant un mètre pèse seulement 633 kilogrammes.

Avec ce mode de conservation, le fumier n'éprouve presque aucune perte de poids ; la réduction du volume est compensée par l'augmentation de densité.

Le procédé de Grignon, qui est incontestablement très bon pour la confection du fumier, ne peut guère se pratiquer que dans les exploitations importantes, car il faut un homme exclusivement chargé des soins qu'il réclame : tassement, épandage et arrosements nécessaires.

Lorsque le fumier, sorti des écuries, des étables, n'est pas étendu uniformément, que tous les points du tas n'ont pas été suffisamment foulés, quand l'air *pénètre à l'intérieur*, que la masse commence à se dessécher et qu'on néglige de l'arroser, ce mode de conservation entraîne avec lui de graves inconvénients. M. Heuzé dit que quand les chaleurs sont fortes et longues, et que la masse ne contient plus l'humidité nécessaire à une bonne fermentation, les parois se dessèchent, ainsi que la partie supérieure du tas; il prend le blanc, qui fait perdre au fumier la presque totalité de ses propriétés fertilisantes.

Dans le département du Nord, on entoure souvent la fosse à fumier d'une plantation d'ormes qui la garantit du soleil et des vents desséchants. Dans ce cas, les arbres doivent être le peuplier blanc ou gris, le marronnier d'Inde, le sycomore, qui résistent à l'action corrosive du purin.

D'autres cultivateurs, pour éviter une trop grande dessiccation, adossent les fumiers au nord des étables et des écuries, dont les urines sont dirigées par des rigoles couvertes dans la fosse à purin. Quant aux égouts des toits, on les reçoit dans des gouttières qui vont les conduire à volonté, soit dans la fosse à purin, si les liquides y font défaut, soit dans la mare à abreuver les bestiaux. Ce procédé a un inconvénient : il rend le transport plus long et plus pénible; il augmente la main-d'œuvre.

Fumure.

Distribution du fumier, époque de la fumure, chargement, transport, épandage et enfouissement. Fumure à plein champ, en lignes. — L'emploi du fumier se fait pendant presque toutes les saisons de l'année : en hiver, pour les féveroles, le pavot; au printemps, pour le chanvre, le maïs, le tabac; en été, pour le colza, le trèfle incarnat, les turneps; enfin à l'automne, pour un grand nombre de plantes qui se sèment à cette époque.

Dans la culture biennale ou triennale avec jachère, on porte le fumier sur les terres pendant toute la belle saison, pour les céréales d'automne.

Dans la culture alterne, où l'on commence l'assolement par une plante à racine fourragère, c'est surtout pendant l'hiver que l'on transporte les engrais destinés aux betteraves, pommes de terre, rutabagas.

Lorsque le fumier à employer se présente en tas d'une certaine épaisseur, il est utile de le couper en tranches verticales, qu'on charge ensuite avec facilité sur les voitures. Si l'on emploie la méthode trop généralement adoptée qui consiste à enlever le fumier de l'emplacement où il a été préparé à l'aide de fourches pour le charger sur la voiture, il en résulte que les premières voitures ne reçoivent que du fumier pailleux, tandis que dans les dernières il n'y a que du fumier très consommé. Ainsi conduit aux champs, on obtient une fumure irrégulière, tandis que si à l'aide d'instruments tranchants, faciles à manœuvrer, on pratique sur une épaisseur d'un mètre des sections verticales, on obtient des tranches dans lesquelles les diverses couches de fumier se rencontrent, et ainsi on met dans la voiture, et par suite dans les champs, un mélange des différentes couches qui donne une fumure plus régulière et par suite des récoltes mieux suivies.

L'instrument employé pour ce travail est une sorte de bêche plus solide et plus commode à manœuvrer que le couteau. La lame en acier présente la forme d'un cœur dont le contour entier est tranchant; sa hauteur est de 40 centimètres et sa largeur de 30. La poignée transversale a 50 centimètres de longueur. La hauteur totale de l'instrument est 2 mètres.

Avec ce procédé, un homme peut charger environ 1000 à 1200 kilogrammes de fumier dans une heure. Souvent, on fait faire ce travail à la tâche, à raison de 15 centimes les 1000 kilogrammes.

Le tombereau est le véhicule qui convient le mieux pour conduire le fumier aux champs; son système de bascule rend le déchargement plus facile.

Dans les fermes importantes, quel que soit le véhicule employé, un point essentiel est de réaliser tout le travail possible des attelages.

Pour cela, la voiture qui est en chargement au tas de fumier ne doit jamais rester attelée. Il faut en conséquence avoir au moins une voiture de plus que le nombre d'attelages affectés au transport, par exemple quatre voitures pour trois attelages, et alors, pendant que la voiture supplémentaire est livrée aux chargeurs, l'un des attelages conduit une voiture pleine aux champs, le deuxième, déjà rendu, opère son déchargement, et le troisième revient à vide.

Aussitôt arrivé à la ferme, le conducteur de ce dernier attelage range sa voiture près du tas de fumier, dételle ses chevaux, les attelle à la voiture qui doit être chargée et repart aussitôt.

Le fumier est d'abord déposé sur le sol en tas ou fumerons régulièrement espacés et de même poids. Autant que possible, l'espacement ne doit pas être moindre de 7 mètres, afin de ne pas trop multiplier les tas, et par suite ralentir le déchargement. Il ne doit pas non plus dépasser 8 mètres pour la facilité de l'épandage qui doit suivre le dépôt des tas ou fumerons.

En effet, un homme armé d'une fourche peut aisément lancer le fumier à 3 ou 4 mètres; mais, si le jet devait s'étendre à 5 ou 6 mètres, dans le cas d'un espacement de 10 à 12 mètres, l'épandage serait beaucoup plus difficile.

Si l'on observe une distance de 7 m. 08 entre les tas, chacun d'eux correspondra à une surface de 50 mètres carrés, et l'hectare en contiendra exactement deux cents. Il faut, autant que possible, que les tas soient de même volume et placés à égale distance les uns des autres.

L'épandage du fumier doit succéder au déchargement des voitures, si on laisse le fumier en tas dans les champs. L'eau pluviale lave l'engrais, dissout les sucs, qu'elle fait pénétrer dans le voisinage immédiat des fumerons ou qu'elle entraîne hors du champ, selon que le terrain est de niveau ou en pente. Il y a dans le premier cas inégalité de fumure, et dans le second perte absolue de matière fertilisante, à moins que les eaux qui s'écoulent ne se déposent dans une pièce inférieure appartenant au même propriétaire.

En outre, le fumier conservé en tas se prend en masse à la longue ; il s'agglomère et ne peut se diviser ensuite qu'avec difficulté, ce qui rend l'épandage plus coûteux ou moins uniforme.

L'épandage est d'autant plus difficile qu'on emploie moins de fumier.

Dans les pays pauvres, où la fumure s'abaisse à 6000 kilogrammes, on ne fait pas de tas; le déchargement et l'épandage ont lieu simultanément. Le conducteur, debout sur sa voiture, projette le fumier sur le sol à une distance d'autant plus grande qu'il est lancé de plus haut. Si la fumure est de cinq charretées par hectare, si le jet du fumier s'étend à 5 mètres de chaque côté de la voiture, sur une largeur totale de 10 mètres, la vidange de la voiture correspondra à un parcours de 200 mètres, auquel cas la surface couverte de fumier sera de 2000 mètres, le cinquième d'un hectare.

Dans les champs en pente, l'enfouissement du fumier doit succéder sans retard à l'épandage; cela paraît moins urgent sur les terrains de niveau. On admet généralement que le fumier qui a été exposé quelque temps au contact de l'air favorise particulièrement la réussite de la première récolte, mais que son action est d'autant moindre sur la seconde.

D'après Schwartz, le fumier qu'on retire des fosses où il trempait dans le purin, celui dans lequel dominent les déjections du porc s'améliorent lorsqu'on les laisse quelque temps étendus sur le sol avant de les enfouir.

Un seul labour suffit pour enterrer le fumier; il en faut jusqu'à trois pour bien l'incorporer à la terre. Dans ce cas, le premier labour se donne à une profondeur médiocre; le second, plus profond, place l'engrais entre deux couches de terre remuées; le troisième, qui est ordinairement le labour semaille, achève le mélange du fumier.

L'engrais se trouve ainsi réparti dans toute l'épaisseur de la couche végétale, et c'est ce qui est le plus avantageux.

La mise en terre du fumier à l'avance favorise la destruction des mauvaises herbes dont il peut conserver les germes.

Lorsque le fumier est enfoui par un labour unique auquel la semaille doit immédiatement succéder, — ce qui convient peu, en général, à moins que le fumier ne soit très décomposé, — on peut se demander à quelle profondeur il est utile de placer l'engrais.

La position des matières fertilisantes dans la couche végétale est loin d'être indifférente, notamment celle des substances énergiques qu'on emploie en petite quantité, comme le guano, la colombine, etc.

Quant au fumier, d'une façon générale, on peut dire qu'il ne faut pas trop l'enfouir. Néanmoins, on doit fumer plus profondément les plantes à racines pivotantes, comme la carotte, la chicorée à café, la luzerne, que les plantes à racines traçantes, telles que les céréales et les diverses graminées.

Lorsqu'on fume au début de la belle saison et sur des terres légères, perméables, il faut enfouir l'engrais jusque dans la couche où la fraîcheur se conserve et où la végétation souterraine présente de l'activité. Placé plus près de la surface, dans une couche que l'humidité abandonne, en été le fumier se dessèche sans pouvoir servir au besoin des récoltes.

Au contraire, lorsqu'il s'agit d'une fumure d'automne, dans des terres argileuses et compactes, où l'air s'introduit difficilement, on doit enterrer par un labour superficiel : c'est l'infiltration naturelle qui reste chargée de la diffusion de l'engrais dans toute l'épaisseur du sol cultivé.

Lorsque la fumure est abondante, le laboureur doit être précédé par un ouvrier qui, muni d'un râteau, attire dans la raie ouverte le fumier répandu sur la surface de la bande que la charrue doit retourner. Le fumier est alors mieux enterré, et la charrue moins exposée à s'engorger par l'accumulation de la litière dans l'angle que le coutre forme avec l'age de l'instrument. On peut du reste enlever le coutre.

Le mode de fumure que nous venons d'exposer se nomme fumure en plein. C'est assurément celui qui convient le mieux aux céréales et à toutes les plantes semées à la volée.

Fumure en couverture. — Quelquefois on répand le fumier sans l'enterrer sur des terres ensemencées et déjà couvertes de végétation : c'est ce qu'on appelle fumure en couverture. Ce mode est employé pour les prairies naturelles et artificielles à longue durée. On emploie le fumier qui est le plus décomposé. On peut également employer des fumiers frais; mais alors il faut râteler la litière qui subsiste encore au printemps, pour éviter qu'elle se mêle au fourrage de la récolte.

La fumure en couverture est aussi un moyen de compléter une fumure insuffisante : elle convient particulièrement aux céréales et aux fourrages d'automne. C'est en hiver, pendant les gelées, qu'on l'effectue. Alors on n'a pas à craindre que les roues des voitures puissent nuire au sol ou aux récoltes.

Pour M. Boussingault, c'est une nouvelle preuve du peu d'inconvénient qu'il y a à laisser le fumier exposé aux intempéries de l'atmosphère, puisque cet usage consiste à l'éparpiller à la surface des terres déjà ensemensées. Cette méthode est née de la nécessité : on l'a d'abord suivie pour donner au sol un supplément à la dose insuffisante de fumier qu'il avait reçu avant les semailles; mais on s'en est si bien trouvé dans plusieurs contrées qu'on l'a continuée. M. Boussingault l'a appliquée plusieurs fois aux plantes sarclées et aux jeunes luzernes avec un avantage décidé, provenant principalement de ce que l'on gagne du temps pour la production des engrais.

Dans le comté de Marck, la pratique de fumer en couverture les terres ensemencées en céréales d'hiver se propage de plus en plus; on fume lorsque la plante est déjà sortie de terre, et l'expérience prouve que le passage des chariots sur le champ, le piétinement n'occasionnent pas de dommages appréciables : les traces en disparaissent bientôt; néanmoins il est préférable de l'exécuter lorsque la terre est endurcie par l'effet du froid. Dans l'opinion de M. Boussingault, la fumure en couverture doit être considérée comme un moyen d'apporter à un sol déjà en culture l'engrais qu'on a été forcé de lui refuser à une époque antérieure; cependant Thaer assure, et son autorité est toujours d'un grand poids, qu'il a trop souvent reconnu les bons effets du fumier épandu sur les légumineuses pour ne pas être convaincu de l'excellence de cette pratique sur un terrain meuble, dans lequel les semailles auraient été tardives.

La fumure en couverture ne serait pas employée sans inconvénient sur les terrains en pente, non plus qu'après les semis de printemps. Alors les chevaux et les voitures peuvent causer des dommages dans les champs.

Doses des fumures.

On a beaucoup discuté sur la quantité de fumier à employer sur un espace déterminé. Cette quantité varie nécessairement suivant le sol, le système de culture, et les plantes cultivées. Aux terres légères, il faut une fumure faible mais répétée. Aux terres fortes, il faut de forts engrais; de même aux terres argileuses, épuisées et qui absorbent complètement les premières fumures.

Toute terre argileuse, dit Gasparin, doit posséder un capital d'engrais convenable avant d'être portée à sa valeur. Dans les années de sécheresse, où la masse d'engrais n'est pas pénétrée d'une suffisante quantité d'humidité, ce capital peut rester improductif; il reparaît en partie par l'effet des saisons plus humides; mais, dans tous les cas, l'existence de ce capital dormant est nécessaire pour que le fumier ajouté produise son effet.

La dose utile des fumures ne dépend pas seulement de la valeur du sol, mais aussi de la nature des plantes cultivées et de la durée de l'assolement. Elle peut s'élever à 60 000 kilogrammes par hectare dans la culture alterne, où l'on débute ordinairement par une plante sarclée. Sa durée alors est au moins de quatre années.

Dans l'assolement triennal, on fume à dose variable de 20 à 40 000 kilogrammes.

Dans l'assolement biennal (jachère et blé), la fumure s'abaisse jusqu'à 6000 kilogrammes. On dépasse rarement les limites de 6000 et de 60 000 kilogrammes; l'épandage uniforme d'une fumure inférieure à 6000 kilogrammes serait presque impossible; d'autre part, il serait assez difficile d'enfouir une fumure supérieure à 60 000, surtout s'il s'agissait de fumier frais et pailleux.

Lorsqu'on veut élever à un plus haut degré la force d'une fumure, il faut ajouter à l'engrais de ferme un supplément en engrais de commerce.

Quand une terre contient naturellement les éléments fixes nécessaires au développement des végétaux agricoles, le fumier y produit des effets proportionnés à sa richesse en azote ; mais, si elle manque de quelques-uns de ces éléments, le fumier ne suffit plus pour obtenir de bonnes récoltes, à moins d'en employer des quantités hors de proportion avec la valeur des produits : tels sont les sols argileux qui réclament de la chaux, les terres sablonneuses qui ont besoin de marne et d'alcalis, les terrains primitifs et de transition, auxquels il faut avant tout donner des phosphates et aussi de la chaux.

En outre des éléments fixes, il est généralement admis qu'une bonne terre végétale doit posséder une certaine masse de principes organiques, non pas seulement ceux qui résultent des fumures d'entretien et qu'on renouvelle à mesure qu'ils sont consomnés par les récoltes, mais un fonds d'humus tout spécial et qui forme ce qu'on appelle la vieille graisse du terrain.

Dans un sol nouvellement mis en culture, il semble que la terre retienne à son profit une certaine partie de l'engrais pour se constituer une richesse propre, plus ou moins considérable suivant la nature ; et, jusqu'à ce qu'elle soit saturée, le fumier ne profite qu'en partie aux plantes qu'il devrait alimenter.

Plus la terre est argileuse, plus sa richesse foncière peut être considérable. C'est l'élément argileux qui tend à s'emparer de l'humus.

Tant que les terres ne sont pas saturées, leurs récoltes sont toujours inférieures aux équivalents des engrais qui leur sont fournis.

Effets produits par la fumure.

Une fumure dure généralement plus d'une année; par conséquent, la première récolte ne l'absorbe pas complètement; sa valeur sera répartie sur les diverses plantes qu'on cultivera successivement.

Dans la cuture alterne, à la suite d'une plante épuisante, on en cultive ordinairement une autre qui est améliorante, le trèfle, par exemple. Le trèfle profite certainement de la présence de l'engrais en terre, mais sans en diminuer la quantité disponible, sans amoindrir la richesse du sol; il doit donc être complètement exonéré des charges de la fumure.

On s'est demandé dans quelles proportions il faut imputer aux récoltes épuisantes la dépense qui résulte de l'emploi du fumier. La science n'a pas encore répondu d'une façon bien précise à cette question. On doit, comme le dit M. Lœuillet, s'en tenir aux données de l'expérience qui nous enseigne que : Dans l'assolement biennal (jachère et blé), la fumure bisannuelle ne produit qu'une récolte; cette récolte doit rembourser toute la valeur du fumier.

Dans l'assolement triennal (jachère fumée, blé, avoine), on estime que le blé profite des deux tiers de la fumure; en conséquence, on lui fait payer les deux tiers de la dépense, dont l'autre tiers est supporté par l'avoine.

Dans l'assolement quadriennal (première année, betteraves fumées; deuxième, avoine; troisième, trèfle;

quatrième, blé), le trèfle, laissant la terre aussi féconde après qu'avant sa récolte, restera étranger à
toute dépense de fumier, et cette dépense devra être
répartie entre les trois récoltes épuisantes de l'assolement. On admet que la betterave épuise un tiers de la
fumure; on lui compte donc le premier tiers de la
dépense. L'avoine qui succède aux betteraves se
trouve à tout égard dans des conditions meilleures
que quand elle vient après un blé. Son rendement
est alors plus considérable. Aussi il est admis en
culture alterne que l'épuisement est le même pour
l'avoine de la deuxième sole que pour le blé de la
quatrième; l'une et l'autre plante ont donc à supporter parties égales de la dépense, qui correspond
aux deux tiers de la fumure laissée par les betteraves,
et par conséquent chacune des trois plantes épuisantes,
betteraves, avoine et blé, rembourse un tiers de la valeur du fumier.

Ces règles admises, relativement à la faculté
d'épuisement des récoltes, M. Lœuillet assure qu'on
est en mesure de déterminer la valeur du dépôt d'engrais que tel ou tel assolement capitalise dans le
sol.

L'assolement biennal ne comporte aucun capital
permanent d'engrais en terre. La valeur du fumier
mis dans la jachère doit être intégralement remboursée
par l'unique récolte de blé qui lui succède et qui
termine l'assolement. Le blé a tout payé, parce qu'il
est supposé avoir tout pris. Il ne reste dans le sol
aucune partie appréciable de la fumure, il faut recom-
mencer à faire jachère et à fumer.

Il n'en est pas de même dans l'assolement triennal,
on peut y reconnaître déjà une certaine réserve
d'engrais. Il est bien vrai que, chaque année, les

deux céréales cultivées : le blé et l'avoine, remboursent la valeur de la fumure qui, chaque année aussi, est déposée sur la jachère; mais, indépendamment de la fumure annuelle, il existe dans l'une des soles, celle qui a produit du blé dans l'année et qui doit fournir de l'avoine l'année suivante, une proportion d'engrais équivalente à un tiers de fumure, reliquat de la fumure antérieure, dont le blé n'a prélevé que les deux tiers. Ainsi l'assolement triennal opère à l'aide d'une masse d'engrais égale à quatre tiers de fumure dont trois tiers pour la fumure annuelle payée par les récoltes annuelles de l'année, et un tiers jamais remboursé, qui forme dans le sol un dépôt permanent et constitue pour le cultivateur une avance inhérente à la mise en pratique de l'assolement triennal.

Guano.

Le guano est un des engrais commerciaux les plus actifs. On s'en sert depuis des siècles au Pérou, au Chili et dans la Bolivie pour fertiliser les sables des côtes arides de ce pays.

Tout prouve que ce guano n'est autre chose que des excréments d'oiseaux de mer se nourrissant exclusivement de poissons. Les plus riches dépôts (huancras) de ces excréments sont répartis sur la côte occidentale du Pérou, entre le 2e et le 21e degré de latitude. Les îles et ravins que présente cette région du Pacifique sont hantés de temps immémorial par une multitude d'oiseaux désignés sous le nom collectif de guanaes, surtout par des ardéas et des phénicoptères, attirés par l'abondance extraordinaire des poissons qui pullulent dans le courant qui remonte du cap

Horn vers le nord, le long du Chili et du Pérou. Ces oiseaux se réunissent la nuit dans les îlots, et leurs excréments sont d'une composition identique à la matière des plus anciennes couches des huaneras.

Voici, d'après de nombreuses analyses, la composition moyenne du guano du Pérou :

Matières organiques................ }	54,27
Sels ammoniacaux................ }	
Phosphates de chaux et de potasse..	23,44
Sels alcalins........................	2,49
Humidité...........................	18,54
Sable..............................	1,26
	100,00
Azote contenu dans 100 parties de guano............................	13 56

Cet engrais se vend 31 fr. 25 les 100 kilogrammes.

Moyens pour se mettre en garde contre les fraudes des marchands de guano.

Le cultivateur, s'il ne peut s'adresser directement aux agents du gouvernement péruvien à Nantes, au Havre, à Bordeaux, à Dunkerque ou à Marseille, doit regarder avec la plus grande attention le plomb au moyen duquel le sac est scellé. Ce plomb doit être intact et porter la désignation ci-dessous :

La lettre H indique le port d'arrivée. Si au lieu d'une H c'est une N, cela indique Nantes, de même que B. Bordeaux.

Quelquefois le guano a été mouillé par l'eau de mer : on dit alors qu'il est avarié, quoique souvent il soit très bon. Les sacs de guano avarié ont une bande

bleue destinée à attirer l'attention du consommateur.
Le plomb porte la mention *avarié*. Autrefois, les marchands d'engrais achetaient ces guanos à bas prix,
les faisaient sécher et les revendaient comme guano
pur.

Engrais végétaux.

Les engrais végétaux comprennent les végétaux
enfouis en terre à l'état vert, les végétaux réduits en
cendres, les végétaux employés comme fumier ou
comme litière.

Les engrais verts sont les parties vertes des plantes
que l'on enfouit à l'état frais sur les terrains où ils
sont cultivés. Ces engrais sont moins actifs que les
engrais animaux.

On cultive, pour être employées comme engrais
verts, des plantes à végétation vigoureuse, qui viennent sans fumure sur les terres maigres.

On les sème de préférence sur les champs d'un
abord difficile, où l'on a de la peine à transporter le
fumier. Le lupin, la fève, les vesces, le sarrasin, le
trèfle, le seigle, le maïs, la madia sativa, la moutarde
la navette, les raves, même le chanvre sont les plantes
qu'on destine à cet usage. Le cultivateur doit choisir
de préférence les espèces dont la croissance est la plus
rapide et celles qui absorbent le plus les principes de
l'atmosphère qui sont les plus riches en azote. A ce
point de vue, les légumineuses sont spécialement in-
diquées.

C'est, comme le fait observer avec raison M. Girardin, au début d'une entreprise agricole, lorsqu'on
n'a pas la faculté de tirer du dehors les engrais in-

dispensables pour commencer, ou lorsque quelque accident s'est opposé à ce qu'on se procurât la quantité de fumier nécessaire, que les récoltes enfouies peuvent rendre de signalés services. L'engrais vert fournit un complément très considérable d'amendement du sol, en général beaucoup moins coûteux que les matières animales; en outre, ce genre d'engrais assure à la terre une fécondité plus sûre et plus durable que certains fumiers. Mais il a surtout l'avantage de donner une fraîcheur qui est très avantageuse au développement d'un grand nombre de végétaux.

Les belles expériences faites à Flotbeck par le baron de Voght ont démontré que les terrains stériles peuvent être amenés à un état de fécondité satisfaisant sans autre engrais que les récoltes vertes enfouies.

Suivant de Fellenberg, cette manière de fumer la terre convient surtout dans les sols qui ont été épuisés par une production forcée, dans ces sols où les engrais ordinaires sont souvent insuffisants e ne produisent aucun effet.

Dans le Dauphiné, près de Lyon, sur des terres graveleuses, et dans le Morvan, sur des coteaux granitiques, on sème le lupin fève de loup en juin, pour l'enterrer en automne. Autant que possible, il faut l'enfouir pendant qu'il est en fleur.

D'une façon générale, les engrais verts sont d'un emploi utile dans les terres sèches et conviennent mieux dans le Midi que dans le Nord.

Dans les terres où domine l'argile, il faut employer de préférence la vesce, les féveroles, les pois, le colza, la navette, la moutarde noire, la minette, le trèfle.

Dans les terres légères et sablonneuses, le trèfle

blanc, incarnat, le lupin, le sarrasin, la spergule, les raves, etc.

Conditions de l'enfouissage. — L'enfouissage doit être pratiqué au moment de la floraison, car alors les plantes ont acquis tout leur accroissement et puisé dans l'air toutes les matières nutritives qu'elles peuvent y absorber; elles n'ont encore, à ce moment, presque rien enlevé à la terre. C'est la formation des graines qui détermine l'emprunt au sol.

Pour enfouir les plantes et leurs racines, il faut d'abord faire passer un rouleau à plat à la surface du champ, de manière à bien coucher les tiges. On le fait marcher dans le sens que suivra la charrue; celle-ci, en renversant la bande de terre qu'elle détache sur les tiges bien couchées, les enterre complètement; ce mode de faire est beaucoup moins coûteux que celui qui consistait à faucher les plantes, à les faner et à les enterrer ensuite par un labour.

Il n'est guère possible de semer ou planter aussitôt après l'enfouissement, parce que le hersage ramènerait à la surface du sol les plantes enterrées, et le travail serait défectueux. Il faut attendre que les plantes soient déjà un peu décomposées. Malingié fait remarquer avec raison que le blé semé en automne, sur un enfouissement récent, vient toujours mal; les plantes, encore entières, tiennent la terre soulevée et mettent la semence dans la position la plus défavorable pour prospérer. Cette observation explique pourquoi, dans les contrées du Nord, les enfouissements de sarrasin, qui laissent beaucoup d'interstices dans la couche arable quand les tiges se sont décomposées, ont rarement donné des résultats avantageux.

Les prairies artificielles que l'on défriche sont les

engrais verts les plus abondants et les moins coûteux, parce qu'ils résultent d'une culture qui a déjà payé ses frais. M. de Gasparin a recueilli sur un hectare de luzerne défrichée 37 021 kilogrammes de débris et racines qui, d'après leur teneur en azote, représentaient 74 400 kilogrammes de fumier de ferme, quantité susceptible théoriquement de produire 32 hectolitres de blé. Dans les pays où le trèfle végète avec vigueur, où il ne reste en terre que pendant dix-huit mois, on enfouit comme engrais vert la pousse qui couvre la terre au mois d'août et de septembre, dans le but de rendre plus vigoureuse la céréale qui lui succède. Lorsque la deuxième et la troisième coupe est abondante, elle constitue une excellente fumure verte. Les froments qui suivent sont presque toujours productifs.

Les feuilles de betteraves, de pommes de terre, de navets, de carottes, de topinambours, sont employées souvent à nourrir les bestiaux, mais, à moins de rareté de fourrages, il vaut mieux les utiliser comme engrais; c'est du moins l'avis de M. Boussingault. Les feuilles de pommes de terre recueillies sur un hectare représentent environ 800 kilogrammes de ce fumier supposé sec, et les feuilles de betteraves fournies par une semblable surface valent plus de 2600 kilogrammes du même engrais au même état de siccité.

Les tiges, les feuilles et les fleurs de lupin blanc renferment à l'état normal 75 pour 100 d'eau et 0,47 d'azote. Cette légumineuse réussit dans les terres légères, sablonneuses, ferrugineuses. Elle produit par hectare 12 000 à 30 000 kilogrammes de tiges et feuilles vertes, suivant la nature des terres sur lesquelles elle a été cultivée.

Cette plante n'exerce des effets, comme engrais, que pendant une année. Un hectolitre de graine de lupin se vend de 14 à 18 francs.

Elle n'est guère employée que dans les provinces du sud et du sud-ouest de la France; là, elle se développe facilement sur les mauvais sols sablonneux.

Les fèves se sèment dans le Midi vers la mi-novembre; elles fleurissent en mars ou avril; on les enterre à la même époque. Elles réusissent bien dans les sols siliceux et légers.

La fève verte et en fleur contient 75 pour 100 d'eau et 0,51 d'azote. Elle peut fournir de 30 000 à 40 000 kilogrammes de tiges et feuilles vertes par hectare.

Le trèfle incarnat se sème aux mois d'août, de septembre; on l'enterre au printemps, lorsque ses fleurs rouge incarnat vont s'épanouir.

La moutarde blanche est considérée en Angleterre comme un des meilleurs engrais verts; elle réussit très bien dans les terres argilo-siliceuses et argilo-calcaires. Elle est beaucoup moins épuisante que le colza; elle occupe le sol moins longtemps; elle peut être semée en août et enfouie avant les semailles d'automne. Sa précocité est telle qu'on peut l'enterrer deux fois dans une année sur les terres en jachère.

Feuilles sèches.

Quand on peut utiliser immédiatement en automne les feuilles qui couvrent la terre dans les lieux boisés, on en obtient de bons effets, surtout dans les terres légères. Cette fumure introduit dans le sol de l'argile et de la silice très divisée. M. Magne rapporte

Récolte de la sangue et des varechs dans la baie de Saint-Waast.

que, en terrotant pendant plusieurs années les terrains sablonneux des jardins de l'école d'Alfort, il en rendit la terre plus compacte et plus tenace.

Plantes marines.

Les plantes marines renferment une forte quantité d'azote, d'iode, de sel marin, et en outre elles sont toujours mêlées à des débris d'animaux, à des coquillages, qui en augmentent la valeur fertilisante. Les plus intéressantes appartiennent à diverses espèces du genre *Fucus* et sont connues sous le nom générique de goëmon ou varech.

On préfère les varechs de rochers, c'est-à-dire les varechs qu'on va arracher à mer basse, aux varechs d'échouage, qu'on ramasse sur la plage, parce que ces derniers ont perdu par la macération dans l'eau une partie de leurs principes altérables et qu'il faut avant de les utiliser les placer en litière pour qu'ils s'imprègnent de liquides azotés.

Le temps de la récolte des varechs sur les côtes de France est fixée par l'administration entre la pleine lune de mars et celle d'avril, époque à laquelle ils ont déjà répandu leurs granules reproducteurs et ne sont point encore recouverts du frai des poissons.

Dans le département des Côtes-du-Nord, la charretée de quatre chevaux, qui équivaut à 1000 kilogrammes, coûte sur la grève 5, 6 et même 8 francs, suivant la rareté et la facilité avec laquelle la récolte a été faite.

A Morlaix, le mètre cube de varechs frais se vend, pris sur les quais, de 3 fr. 50 à 4 fr. 50.

Les varechs et les autres plantes marines doivent être répandus et enterrés aussitôt qu'ils ont été recueillis. Si la saison ne permet pas de le faire immédiatement, on en prépare des composts avec de la terre et de la chaux pour ralentir leur fermentation tout en les laissant macérer.

On peut encore, dit M. Girardin, les stratifier avec du fumier, et c'est ce qu'on fait pour les terrains où l'on préfère l'emploi des engrais consommés. On les applique, ajoute-t-il, de préférence au lin; ils augmentent la quantité et la qualité de la filasse. Ils conviennent aussi pour l'orge, mais moins au trèfle, à l'avoine, aux turneps et autres plantes sarclées.

Répandus sur d'anciens pâturages, ils améliorent la qualité et en élèvent la production; les bestiaux en mangent l'herbe avec plus d'avidité et s'engraissent plus promptement.

On distribue le varech sur le terrain, en tas, à la fourche, comme le fumier, puis on l'enterre le plus vite possible. Il se décompose rapidement, et son action est presque immédiate; mais elle ne se prolonge pas au delà d'une année. Il faut donc le renouveler tous les ans.

Résidus végétaux. Tourteaux.

C'est dans la graine que se réunissent à l'époque de la maturité la plus grande partie des principes azotés de la plante et aussi des phosphates. Les graines oléagineuses peuvent constituer de bons engrais. Après l'extraction de l'huile, elles laissent un résidu, le tourteau ou marc. L'huile ne renferme pas de principes azotés; ces principes résident en entier dans les tourteaux. Ce sont par cela même de puissants engrais. La proportion d'azote y varie de 8 à 9 pour 100 ; en outre, comme provenant d'une semence, ils renferment une quantité notable de phosphate, comme nous l'avons dit.

En raison de leur origine, les marcs des graines oléagineuses ne contiennent que fort peu d'humidité et présentent sous ce rapport de grandes facilités pour les transports.

Mis en contact avec l'eau ou avec un sol humide, les tourteaux se décomposent rapidement et forment un engrais très actif.

Ils conviennent à tous les sols, mais plus particulièrement à ceux qui sont perméables. Pendant la sécheresse, ils agissent peu ; aussi sont-ils moins utilisés dans le Midi que dans le Nord.

On les emploie en France à la dose de 8 à 900 kilogrammes par hectare ; on les répand sur la terre, et on les recouvre en même temps que la semence, ou on les enfouit quinze à trente jours avant cette dernière, ou enfin on les répand sur les récoltes levées.

C'est ordinairement comme demi-fumure et vers le milieu de la rotation de culture qu'on les emploie.

M. Magne fait observer avec raison que, quoique très riches en azote et en phosphore, les tourteaux conviennent surtout comme complément d'autres engrais peu actifs, et à ce point de vue ils peuvent rendre de grands services ; sans soulever le sol comme le fumier, ils y introduisent de fortes quantités de principes actifs ; mais, employés seuls, ils constituent un engrais incomplet.

On ne peut pas espérer que 500 à 1000 kilogrammes et même plus de tourteaux, quoique aussi riches en azote que 30 000 kilogrammes de bon fumier, remplaceraient complètement cette masse d'engrais si riche en potasse, en soude, en chaux et en carbone, etc.

Les tourteaux les plus employés sont ceux de chanvre, de colza, d'œillette, lin, cameline, sésame, faîne, arachide.

Les tourteaux de cameline, d'œillette, de chènevis, sont considérés dans le département du Nord comme des engrais chauds; leur effet ne dure qu'un an; ceux de colza et de lin, au contraire, font sentir leur action pendant deux années; aussi les range-t-on dans la classe des engrais froids. Les tourteaux de lin sont regardés comme plus actifs que ceux de colza; les autres sont moins bons; ceux de chènevis, de faîne, d'arachide, de sésame sont placés au dernier rang.

Les plus riches en *azote* sont ceux d'œillette, de chanvre, d'arachide, de lin, de sésame, de cameline, de colza.

Les plus riches en phosphates sont ceux de chènevis, de colza, d'œillette, de lin, de cameline, de sésame, d'arachide.

Pour remplacer 30 000 kilogrammes de fumier nécessaire à la fumure d'un hectare au début de la rotation de trois ans, il faut :

Tourteaux d'œillette.....	1714 kilogr.
— de chanvre....	1935
— d'arachide.....	1998
— de lin.........	1999
— de sésame	2154
— de cameline...	2154
— de colza.......	2160

Le prix de vente varie suivant les années. Les moins chers sont ceux de chanvre et de sésame

(12 fr. 50 en moyenne les 100 kilogrammes); vient ensuite celui du colza (13 fr. 50), puis ceux d'œillette, de cameline et d'arachide (14 fr.); le plus coûteux est celui de lin (21 fr.) : aussi le réserve-t-on pour l'alimentation du bétail.

Fraudes. — Les marchands mélangent aux tourteaux les plus chers ceux d'un prix inférieur; d'autres ajoutent aux tourteaux en poudre des substances inertes, sciure de bois, terre ou argile, sable, craie, etc.

La craie se reconnaît en plongeant les tourteaux dans de l'eau aiguisée d'acide chlorhydrique : il se produit une effervescence qui décèle la présense de la craie.

Quand les tourteaux contiennent du sable, de la terre et de l'argile, etc., en les délayant, ces matières se déposent; s'ils contiennent de la sciure de bois, elle surnage : on peut la reconnaître soit à l'œil nu ou à la loupe.

Les marcs de raisin, des olives, de drèche de pommes et de poires sont des matières qu'on peut utiliser à la fécondation du sol. Les marcs de raisin et de drèche font plus de profit; toutefois, comme le dit M. Girardin, lorsqu'on les fait d'abord servir à la nourriture des bestiaux, ils se transforment aussi en un bien meilleur engrais.

Dans le Midi, on fume le pied des vignes avec le marc de raisin; on l'applique aussi aux olives, et souvent encore on le mélange avec des fumiers et des roseaux de marais pour qu'il fermente et se décompose plus vite en terre. On se plaint en général qu'il attire les rats, avides de pépins.

Le marc de café, qui, d'après M. J. Pierre, renferme 1,85 pour 100 d'azote en moyenne et 11,2 d'acide phosphorique, représente à peu près 23 pour 100 de phosphate de chaux, et constitue un engrais très actif. Ses effets se font sentir pendant deux ou trois ans; mêlé à l'urine, il est encore plus fertilisant; mais son emploi est plutôt destiné à l'horticulture qu'à l'agriculture.

Composts.

Les composts sont des mélanges de matières végétales, de parties animales et de substances. terreuses qu'on abandonne à eux-mêmes jusqu'à ce qu'ils soient transformés en une sorte de terreau.

Il existe en effet des matières fertilisantes trop précieuses ou trop énergiques pour être employées sans mélanges; il en est qu'on ne peut conserver ou transporter aux champs sans embarras et sans inconvénient. Il en est aussi dont la fermentation naturelle est trop lente pour n'être pas hâtée, ou dont la force n'augmente pas l'action d'autres substances, ou enfin dont les propriétés caustiques ou acides doivent être amorties.

Pour l'emploi de ces matières, il devient souvent utile de diviser les plus fluides, d'activer la décomposition des plus volatils par une addition bien combinée; il en résulte un mélange plus profitable à l'amélioration des terres et à la culture des plantes que l'application séparée de chacune de ces matières.

Formation des composts. — On les forme en établissant l'une sur l'autre des couches de diverses natures d'engrais, et en ayant soin de corriger les vices de l'un par les qualités de l'autre, de manière à donner au mélange les qualités appropriées à l'état du sol qui doit le recevoir.

Composts pour une terre argileuse et compacte. — On dispose :

1° Une couche de plâtras, de gravois ou de mortier de démolition ;

2° Une couche de fumier de mouton ou de cheval ;

3° Des balayures des cours, des chemins et des granges ; la marne maigre, sèche et calcaire ; le limon des rivières, des fossés et des mares ; les matières fécales ramassées dans les fermes ; les débris de foin ou de paille, etc.

Et le tout est recouvert d'une nouvelle couche de fumier.

La fermentation s'établit d'abord dans celle-ci ; le jus qui en découle se mêle aux autres en les pénétrant. Lorsque la décomposition est suffisamment avancée, on défait le tas et on porte aux champs toutes les matières, remuées et parfaitement mélangées.

Composts pour une terre légère et calcaire. — Dans ce cas, il convient de faire prévaloir les principes argileux, les substances compactes, les fumiers froids, et on devra pousser la fermentation jusqu'à ce que les matières organiques soient plus complètement décomposées. Les terres grasses à demi mêlées, les marnes grasses et argileuses, le limon des mares, les fumiers de bêtes à cornes doivent servir à former les couches.

Manière de faire les composts à l'institut de Hohenheim. — M. Schwerz a toujours eu à l'institut agricole de Hohenheim sept à huit tas de composts différents.

Le premier est confectionné avec la gadoue et des terres. On amène les vidanges des fosses d'aisances dans un réservoir muré, long et étroit ; on les emprisonne entre deux couches de terre, et on continue ainsi au fur et à mesure de la production des matières jusqu'à la hauteur du réservoir. Après six semaines ou deux mois, on tourne le mélange et on l'emploie. Ce compost est si actif qu'on le fait servir pour le chanvre et le houblon.

Le deuxième tas est fait avec tout ce qui est d'une décomposition lente : les débris de paille, les mauvaises herbes, les petites éteules, les balayures, les gravois et toutes les grosses ordures. On n'y ajoute guère qu'une médiocre quantité de fumier de porc. Par compensation, on l'arrose de temps en temps avec du purin, et il est disposé de façon qu'on puisse facilement l'aborder et monter dessus. On le retourne au bout d'une année; il sert à la fumure des prairies en couverture.

Le troisième compost est préparé avec des matières d'un peu plus de valeur et de plus facile décomposition. On y apporte les fumiers courts qu'on balaye dans les basses-cours, de la terre de jardin, des déchets de granges, la poussière des greniers à foins et à grains, de la vieille balle de navette et de céréales. Il ne faut l'arroser qu'avec du purin, et en quelques mois l'engrais est parfait. Comme il contient beaucoup de graines et de mauvaises herbes, il ne doit être employé que pour les prairies ou les plantes sarclées, il n'a pas besoin d'être retourné

Un quatrième compost, employé sur les terres, est préparé avec des terres, de la chaux en poudre et des eaux de fumier. On retourne le tas pour mêler avec la masse la croûte qui se forme à l'extérieur.

Le cinquième compost est fait avec le marc des pommes à cidre, dont jusqu'alors on n'a tiré aucun parti. Schwerz y ajoute de la chaux et en forme une masse sèche d'apparence tourbeuse et applicable à toutes les cultures. Ces marcs, jetés dans les réservoirs à purin, se mettent ensuite en tas sans addition de chaux.

Le curage d'anciens fossés et l'ouverture de fossés nouveaux produisent une grande quantité de gazons et de terreau. A Hohenheim, on les entasse avec addition de fumier et de chaux, et une grande partie avec addition de fumier seulement ; on les retourne au bout de six à neuf mois, et on emploie ce genre de compost sur les prairies.

En trois années, on forme ainsi à Hohenheim une masse d'environ cinq mille tombereaux à un cheval de différents composts, dans lesquels entrent seulement deux cent cinquante tombereaux de fumier. Cette masse a suffi à la fumure de 15 hectares de prairies ; l'entassement revient à 75 centimes pour vingt-cinq tombereaux, et pour retourner la même quantité on compte 9 centimes. Tous ces frais réunis donnent une somme de 13 francs par hectare, non compris la valeur du fumier ajouté.

En France, dans le Bessin et le Cotentin, on emploie pour les herbages des composts connus sous le nom de tourbes ; ce sont des mélanges de terre, de fumier et de chaux en diverses proportions, réduits à l'état de terreau par les réactions chimiques et par le maniement de la masse à plusieurs reprises.

On peut faire des composts de toute nature. Tout, dit M. Girardin, peut être utilisé dans les fermes bien administrées, car tout peut servir à l'engraissement des terres et suppléer la disette des fumiers : ainsi la tourbe, le tan, le bois pourri, la sciure de bois, les feuilles d'arbre, les mauvaises herbes, les débris de paille, la poussière du grenier à foin et à grains, le marc des pommes à cidre et du raisin, les gazons et tous les liquides chargés ou de matières salines ou de matières organiques, tels que les urines, le purin, les eaux grasses, les eaux de savon, les eaux des féculeries, le liquide des abattoirs, l'eau des rouissoirs dormants dans lesquels on a fait rouir le chanvre et le lin, l'eau des mares dans lesquelles on a lavé les moutons et qui contient alors le suint des toisons, etc., toutes les terres, les sables de routes, les cendres du foyer, les cendres de houille, les charrées, les suies de bois, les marcs, les débris de démolition, etc.

Tous les débris animaux : cadavres de bêtes mortes, os de boucherie brisés menus, chiffons de laine, poils, cheveux, plumes, drayures de peaux, débris de cuir, râpure de cornes, résidus des fabriques de colle et des boyauderies, sang des animaux, issues et vidanges d'intestins, car tout cela peut servir à la fabrication des composts, et le cultivateur trouve sous sa main dans toutes les positions, dans toutes les localités, d'immenses ressources pour augmenter la provision d'engrais de son exploitation.

M. Girardin fait observer que la chaux convient très bien pour aider à la désagrégation des parties ligneuses, des herbes sèches, des feuilles, et achever la maturité des composts dans lesquels il entre beaucoup de ces matières organiques qui résistent à la putréfaction, mais il faut avoir l'attention de ne jamais ajouter de la chaux aux matières fécales, au purin, aux urines, aux fumiers animaux, car cette matière alcaline, en chassant l'ammoniaque de ces substances, causerait une perte considérable des principes utiles et réduirait beaucoup la valeur de ces engrais.

Les composts conviennent particulièrement aux prairies, aux tréflières, aux luzernières et aux arbres fruitiers. Lorsqu'ils ont bien fermenté et qu'ils sont privés des grains de mauvaises herbes, on peut les employer pour les terres arables, mais il vaut mieux s'en servir uniquement pour les prairies et conserver les fumiers d'étables pour les terres de labour.

Il ne faut du reste faire des composts qu'après avoir bien calculé si cet engrais ne sera pas plus coûteux que le fumier ordinaire. La fabrication du compost est, en effet, dispendieuse, en plus du travail manuel et du charriage qu'elle exige, surtout lorsqu'on agit sur des masses considérables.

Et puis, sous le rapport de l'application, il y a toujours de l'incertitude sur leur valeur réelle, c'est-à-dire sur leur richesse en azote et en sels minéraux. Leur composition varie sans cesse. Ce n'est qu'au début d'une exploitation, et lorsqu'il y a insuffisance de bétail, qu'il y a nécessité absolue de recourir aux composts.

Débris animaux.

Pendant leur vie, les animaux nous fournissent par leurs dejections et leurs urines de précieux engrais; après leur mort, nous pouvons encore tirer parti de leur dépouille pour fertiliser nos terres. Leur sang, leur chair, leurs poils, leurs cornes sont aujourd'hui très fructueusement utilisés.

C'est à partir de 1825 seulement que le sang fut appelé à devenir un engrais. La Société centrale d'agriculture a établi un concours sur l'emploi des débris les plus putrescibles des animaux. Le savant chimiste Payen obtint le prix, et son ouvrage servit à faire connaître l'avantage qu'on pouvait retirer du sang comme engrais.

Le sang se corrompt si facilement que, pour l'employer comme engrais, il est indispensable de lui faire subir une préparation. On le coagule soit à feu nu soit à l'eau bouillante, dans de grandes chaudières ; on enlève à l'aide de larges écumoirs la partie coagulée, puis on la soumet à une forte pression pour en extraire la plus grande partie de liquide dont elle est imprégnée.

Le sang qui a subi ainsi l'action d'une température suffisante pour amener la coagulation de l'albumine est connu sous le nom de *sang sec insoluble* ; celui qui, au contraire, a été desséché à une basse température et pourrait redevenir liquide si on le mélangeait à l'eau, est désigné sous le nom de *sang sec soluble*.

D'après M. Soubeiran, le sang préparé pour engrais dans l'usine d'Aubervilliers renferme :

Eau...	170
Matières animales..............................	780
Phosphate des os...............................	3,3
Sels divers et matières terreuses...	46,7
	1000,0

Le sang desséché doit être employé de préférence au printemps et en été, quand on prévoit des pluies prolongées ; autrement, il produit peu d'effet.

La quantité à appliquer par hectare varie de 600 à 800 kilogrammes, suivant les exigences des plantes.

Le sang liquide peut également être employé avec avantage. Pour que la fibrine ne se coagule pas et ne se sépare pas du sérum, on agite le sang chaud à mesure qu'il jaillit des vaisseaux des animaux abattus, jusqu'à ce qu'il soit refroidi. Pour empêcher la putréfaction du sang et les pertes d'ammoniaque qui en résultent, il est bon d'y ajouter, au moment où on le recueille, 1 kilogramme de couperose par hectolitre.

Avec le sang d'un cheval, d'une vache ou d'un bœuf, on peut fertiliser de 320 à 400 mètres de superficie. Cela n'a rien d'étonnant ; le sang contient des phosphates alcalins, des phosphates de chaux, de magnésie, de fer, de sel marin, des sulfates et des carbonates alcalins, toutes matières nécessaires au développement des plantes.

Le sang convient surtout aux plantes dont les phases de végétation sont rapides : maïs, haricots, pois, betteraves, pommes de terre et céréales de printemps.

Chair musculaire.

C'est encore à M. Payen que nous devons d'avoir préconisé la chair musculaire pour la fertilisation du sol. En effet, depuis son remarquable travail sur l'emploi des animaux morts, la chair de cheval a servi utilement comme engrais dans toutes les contrées où il existe des chantiers d'équarrissage. Mais, comme il y a encore beaucoup de pays qui n'en sont pas dotés, il importe, dans l'intérêt des cultivateurs et dans l'intérêt de l'hygiène publique, de ne pas laisser au milieu des champs des animaux morts, qu'on n'a pu utiliser pour la boucherie.

Le cultivateur doit d'abord faire dépouiller l'animal ; puis il fait jeter les débris dans une fosse un peu profonde, en ayant soin de les saupoudrer de chaux vive pour précipiter leur décomposition ; ensuite il remet la terre dessus, et il fait en sorte de bien combler la fosse et de donner à la terre qui excède le niveau du sol la forme d'un prisme. Ainsi bien comblée et bien recouverte, les chiens ne pourront déterrer les chairs ou les os. Un mois après, on ouvre la fosse, et on sépare les os des autres débris, chairs, etc., qui ne produisent plus qu'une faible odeur. On mêle ensuite ces débris et la chaux hydratée qu'on a dû employer dans une assez forte proportion avec la meilleure terre dont on puisse disposer.

Quand le mélange a été parfaitement exécuté, on le dispose en forme de monticule et on l'abandonne pendant quatre ou cinq semaines. Quand le moment d'employer ce compost est arrivé, on le remue de nouveau, afin que le mélange soit aussi complet que possible.

A Paris, la chair musculaire, desséchée et réduite en poudre, est livrée à l'agriculture au prix de 14 à 16 francs les 100 kilogrammes. Ces prix ont cependant varié un peu depuis quelques années.

Cet engrais convient spécialement au chanvre, au lin, à la betterave et aux plantes potagères, tous végétaux qui, pour donner des produits très abondants, réclament des engrais qui agissent promptement.

La quantité de viande pulvérisée à appliquer par hectare varie entre 300 à 400 kilogrammes, selon que les plantes sont plus ou moins épuisantes.

Débris de poissons.

Les débris de poissons, à l'état sec, contiennent de 10 à 11 pour cent d'azote, quantité de phosphates et d'autres matières propres à favoriser l'accroissement des récoltes. Depuis quelques années, cet engrais est très employé, surtout dans les contrées qui avoisinent la mer ; néanmoins, son commerce s'étend bien au delà. On a remarqué en Angleterre que les harengs font pousser comme par magie les plus riches récoltes sur les terres les moins fertiles : les fermiers du Norfolk payent aux pêcheurs à raison de 35 à 45 francs les 1000 kilogrammes. La mer, dans certaines localités, peut en fournir presque indéfiniment.

Le résidu appelé *tanguin*, qu'on obtient quand on a traité les harengs par l'eau bouillante pour en retirer l'huile, contient toute la matière du poisson, à l'exception de la graisse. Bien exprimé et desséché, ce produit fournit un engrais très puissant. Par sa richesse en azote et en phosphore, il se rapproche beaucoup du guano.

A Dunkerque, on emploie les débris de morue, de harengs et les poissons qui, dans les temps de pêche fructueuse, commencent à se corrompre. Dans les environs de Quimper, on utilise les têtes de sardines.

Les poissons, pour être employés comme engrais, doivent être mêlés à de la chaux vive dans la proportion d'un hectolitre de chaux sur trois de poissons. Au bout de trois à quatre semaines, on remue le compost, et on y ajoute autant de terre qu'il comporte de chaux et de poissonnaille. La chaux, d'après les remarques de M. Boussingault, est surtout très convenable pour les huiles avariées de hareng ; il se forme alors un savon de chaux qui paralyse l'action nuisible sur la végétation que ne manquent jamais de produire les matières grasses ou huileuses.

Le poisson peut également se réduire en poudre en le faisant cuire à la vapeur. La poudre qu'on obtient par ce procédé équivaut à 22 pour 100 du poids du poisson frais. On en fabrique à Concarneau, dans le Finistère. On l'emploie à la dose de 400 kilogrammes par hectare.

Les terres calcaires ou crayeuses sont celles qui se ressentent le plus de l'application de la chair de poisson.

L'engrais de poisson peut être appliqué au printemps sur des céréales en végétation. On peut ainsi l'employer dans la culture des plantes annuelles.

En Angleterre, on achète les poissons qui ne sont pas alimentaires à raison de 1 fr. 50 à 2 francs l'hectolitre. La poudre se vend 20 francs les 100 kilogrammes. La caque et les écailles de harengs sont livrées à Dieppe au prix de 1 fr. 50 l'hectolitre.

Marc de colle forte.

Le résidu de la fabrication de l'huile de pied de bœuf et celui qui reste dans les chaudières après la préparation de la colle forte sont employés comme engrais.

Analysé par MM. Boussingault et Payen, il a donné 3,78 pour 100 d'azote. La quantité qu'il faut par hectare est de 500 à 600 kilogrammes ; il faut en renouveler l'application tous les ans. Cet engrais vaut à Paris 1 fr. 50 à 2 francs l'hectolitre.

Matières cornées, crins, poils, plumes, bourre de laine et de soie.

Tous ces produits se ressemblent par la forte quantité d'azote qu'ils renferment. Mais ces riches engrais demandent à être réduits au plus grand état possible de division, pour que leur décomposition en terre s'opère facilement.

Dans les endroits où il y a des tourneurs d'os et de corne, des peigniers, les ouvriers, qui habitent presque tous la campagne, mêlent ordinairement leurs déchets avec du fumier et les emploient à engraisser leurs pommes de terre. Les cultivateurs leur abandonnent volontiers la jouissance gratuite d'un champ pour une année, à la condition d'y cultiver ainsi des pommes de terre, sachant bien que les récoltes suivantes, comme le rapporte M. Girardin, payeront largement pendant plusieurs années le prix de la location.

La râpure de corne vaut à Paris 10 francs les 100 kilogrammes, et à Lille 16 francs.

Les *sabots des animaux* constituent aussi un très bon engrais pour les prairies. Il suffit, selon M. Girardin, de les enfoncer en terre tels quels, à une certaine distance les uns des autres. Dès la première année, on reconnaît à la vigueur de l'herbe la place où chaque sabot a été enfoui, et, à mesure que la décomposition s'opère, on voit cette vigueur augmenter et s'étendre. Il en est de même des ergots de moutons.

Le prix commercial des ergots de moutons est de 6 francs les 100 kilogrammes, tandis que celui des sabots est de 12 francs.

Les plumes qui n'ont point d'emploi en industrie peuvent servir à faire un engrais puissant, qu'on peut facilement doser et répandre en lignes avec la semence.

Très employées pour la culture du chanvre dans la Romagne, on les paye jusqu'à 60 francs les 100 kilogrammes.

Les cultivateurs alsaciens les emploient depuis longtemps, à raison de 35 à 40 hectolitres pour un hectare semé en froment. Les plumes contiennent jusqu'à 15 pour 100 d'azote.

Les *crins*, les *poils*, les *bourres de laine* et de soie peuvent également servir d'engrais lorsqu'on les achète à bas prix. Leur décomposition étant lente à se produire, on ne peut guère les appliquer utilement que sur des plantes qui occupent le sol pendant plusieurs années. M. Girardin pense que le mieux est de les réserver pour les herbages et de les répandre en couverture.

On est loin en France d'utiliser tous les débris de laine. La bourre déchet ou tontisse, qui se produit pendant la fabrication des étoffes, les débris de ces étoffes et des draps, des bas, des chaussons, forment des masses considérables.

La seule ville d'Elbœuf fournit, tous les ans, une quantité de débourrage ou bourre de laine qui contiendrait jusqu'à 9000 kilogrammes d'azote et représenterait 1 500 000 kilogrammes de fumier. Ces détritus, riches en matières grasses et autres matières organiques, sont produits également à Lisieux, Louviers, Sedan, etc. Ils pourraient très certainement être employés comme engrais.

Les chiffons de laine ont été particulièrement utilisés en Champagne, où ils ont donné les résultats les plus avantageux; on les mêle souvent au fumier.

Les chiffons sont employés à la dose de 300 kilogrammes par hectare ; cette fumure, qui remplace 45 000 kilogrammes de fumier, dure trois ans. Un des inconvénients de cet engrais, c'est la difficulté de le diviser.

Les loques enterrées entières font pousser les récoltes inégalement. On les coupe avec des faux implantées dans des planches. On a proposé de les imprégner de soude caustique, de laisser agir l'alcali, de les faire sécher et ensuite de les broyer.

Ainsi préparés, on les vendait 20 francs les 100 kilogrammes.

Les tontisses et les balayures de fabriques de drap n'exigent aucune préparation.

Lorsque les chiffons ont été divisés, on peut les laisser séjourner, ainsi que le propose Schwerz, sur l'aire d'une bergerie, ou les jeter dans une fosse contenant du jus de fumier.

Lorsqu'on les emploie en nature, il faut avoir soin de les répartir le plus également possible sur le sol.

Lorsque Mathieu de Dombasle les appliquait sur des terres arables, il les mélangeait quelques mois à l'avance avec 3 ou 4000 kilogrammes de fumier, afin de rendre leur décomposition plus facile. Il avait soin de ne jamais permettre que le mélange se desséchât, en répandant toutes les fois que cela était nécessaire une quantité de fumier suffisante pour que la masse fût imbibée jusqu'à la base.

La quantité à employer est de 1500 à 3000 kilogrammes par hectare; Mathieu de Dombasle en mettait 250 grammes à chaque pied de houblon, soit 1000 kilogrammes à l'hectare. Pour la même plante, les Anglais en mettent 1500 à 1600 kilogrammes à l'hectare. Dans certaines contrées de l'Orléanais et de la Provence, on les applique aux vignes.

Les chiffons de laine se vendent ordinairement de 5 à 7 francs les 100 kilogrammes.

ENGRAIS DE L'HOMME

Matières fécales. Poudrette. Vidanges.

Rien n'est éloquent comme les chiffres, rien ne peut parfois être plus utile. En voici une preuve. MM. Boussingault et Liebig ont constaté que chaque individu produit en moyenne et par jour 750 grammes d'excréments : 625 grammes d'urine et 125 grammes de matière fécale, dosant ensemble 3 pour cent d'azote.

Cela fait au bout de l'année 274 kilogrammes d'un engrais très énergique suffisant pour fournir d'azote 400 kilogrammes de blé, ou représentant la fumure annuelle de 20 ares de terre.

On a calculé qu'on perd en France pour plus de quatre milliards d'engrais. Et nous ne produisons pas assez pour nourrir notre population.

L'agriculture chinoise admet le principe que tout individu produit en excréments de quoi reconstituer sa nourriture.

M. Boussingault affirme que sur un espace donné un certain nombre d'hommes doivent pouvoir reproduire leurs aliments, en fumant cet espace de terre avec leurs excréments. Le pouvoir varierait nécessairement avec le genre d'alimentation.

D'Arcet rapporte à ce sujet un fait curieux, que voici : Un agriculteur des environs de Paris avait acheté, pour les appliquer à ses cultures, les matières des latrines d'un des restaurateurs les plus en vogue du Palais-Royal. Encouragé par le succès qu'il obtint de l'emploi de cet engrais et voulant en étendre l'application, il se rendit adjudicataire des vidanges de plusieurs casernes de Paris. Mais l'engrais provenant de celles-ci produisit un effet infiniment moindre que le premier. La raison de cette singularité est toute simple : Les repas des soldats ne sont pas aussi succulents à beaucoup près que ceux que l'on fait au Palais-Royal.

Les déjections humaines sont utilisées *à l'état frais*, c'est-à-dire telles qu'on les trouve dans les fosses des maisons particulières; elles constituent ainsi ce qu'on appelle l'*engrais flamand*.

Les déjections qui ont été soumises à une dessiccation préalable forment la poudrette.

C'est parce que dans les Flandres on utilise depuis longtemps les matières fécales des latrines qu'on leur a donné le nom d'engrais flamand. La valeur de cet engrais est variable. A Lille, où les cuisinières sont intéressées dans la vente, il est très souvent étendu d'eau. D'après M. Girardin, cet engrais ne doit pas marquer au-dessous de 3 degrés à l'aréomètre; quand il ne marque que 2 degrés, il a été fraudé.

Voici la composition de l'engrais flamand d'après M. Girardin :

	Pur.	Étendu d'eau.
Eau	950^{gr},98	981^{gr},55
Matières solides	49 ,11	18 ,45
Azote total	8 ,888	6 ,537
Sous-phosphate de chaux.	6 ,857	2 ,056
Potasse	2 ,075	1 ,503

Les matières fécales dégagent une forte odeur de sulfhydrate d'ammoniaque. L'odeur de ces matières en rend l'emploi difficile. Leur désinfection intéresse autant au point de vue de l'hygiène qu'au point de vue de l'agriculture. On s'en préoccupe beaucoup.

Fosse d'aisances dans les campagnes.

Les moyens employés à cet effet ont pour but, les uns de prévenir la formation des gaz infects, les autres de les absorber, de les détruire.

Pour prévenir la fermentation de ces gaz dans les fosses d'aisances, il suffit d'y jeter de temps en temps une dissolution de sulfate de fer (couperose verte) ou du sulfate de zinc. Par ce moyen facile et peu dispendieux, on empêche la formation des produits fétides et on conserve aux matières fécales toute leur valeur fertilisante; en fixant les produits ammoniacaux, les sulfates rendent les engrais plus actifs.

D'ordinaire, on se borne à désinfecter les fosses au moment de les vider; cependant la désinfection sur de grandes masses est moins complète; il est difficile de désinfecter les matières précipitées au fond des fosses.

A Paris, les entrepreneurs de vidanges préparent en grand avec de vieux métaux les sulfates liquides qu'ils emploient pour désinfecter ; ces sulfates de fer ou de zinc sont emportés dans les tonneaux qui doivent rapporter la vidange.

On peut encore désinfecter les matières fécales avec des corps absorbants. M. Magne a opéré à l'Ecole d'Alfort la désinfection de plusieurs centaines de kilogrammes de matières fécales avec du charbon de tourbe. Les engrais désinfectés, conservés plusieurs mois dans des sacs, ne répandaient aucune mauvaise odeur.

Dans tout l'arrondissement de Lille, chaque cultivateur possède près de sa ferme, ou sur le bord de son champ le plus voisin de la route, une ou plusieurs citernes ou caves en briques, ou bien des fosses creusées dans un sol argileux et recouvertes de planches. Ces caves ou fosses contiennent moyennement de

Tonneau arrosant avec l'engrais liquide.

600 à 700 tonneaux; les plus grandes vont jusqu'à 1100 et 1200, et, comme le tonneau représente environ 2 hectolitres, il s'ensuit qu'elles peuvent renfermer 2400 hectolitres ou 240 mètres cubes de matières. Chaque cave présente deux ouvertures, l'une vers le milieu de la voûte, l'autre sur l'une des parties latérales; celle du nord, la première, sert à introduire ou à enlever les substances; elle se ferme par un volet épais, en chêne, portant cadenas; la seconde, plus petite, est destinée à donner accès à l'air.

Toutes les fois que les travaux de la ferme le permettent, le cultivateur envoie à la ville son chariot chargé de tonneaux pour en rapporter des vidanges.

A mesure que les voitures arrivent, on vide les tonneaux dans les caves, et on attend que la fermentation se soit manifestée avant d'employer l'engrais. On ne vide jamais entièrement les caves; on y introduit de nouvelles matières à mesure qu'on en tire pour le service. La fermentation leur donne plutôt de la viscosité que de la liquidité.

Si les matières sont trop liquides ou en trop faibles quantités pour les besoins de la culture, les cultivateurs jettent dans leurs citernes des tourteaux de colza, d'œillette ou de cameline réduits en poudre grossière, et il remue de temps en temps le mélange à l'aide de grandes perches. Ces tourteaux, contenant des principes azotés, sont très propres par eux-mêmes à servir d'engrais; ils s'imprègnent d'ailleurs fortement du liquide des fosses et cèdent peu à peu les produits de leur décomposition aux plantes sur lesquelles on les verse.

Lorsque les matières fécales sont trop épaisses, on les délaye avec de l'eau ou avec des urines de bestiaux.

On reconnaît la qualité de l'engrais flamand à son odeur, à sa viscosité au moment de l'extraction des fosses, à sa saveur piquante et salée.

Application. — L'engrais flamand qui a fermenté ou jeté son feu s'applique de deux manières, suivant les circonstances qui déterminent son emploi.

Engrais appliqué par des ouvriers. — Lorsque les terres ne sont pas accessibles aux voitures ou que l'engrais doit être appliqué, non étendu d'eau, avant la transplantation du colza et du tabac, on le conduit à l'aide de tonneaux placés sur une voiture.

Alors l'engrais est conduit sur le champ au moyen d'un tonneau mobile reposant sur une brouette allemande, ou au moyen d'une voiture à deux roues et à bras, ou à l'aide d'un tonneau ; ce dernier baquet est muni de deux crochets latéraux ou oreillons, et c'est par l'intermédiaire de ces crochets et de deux leviers qu'on le porte d'un endroit à un autre.

L'engrais est ensuite versé dans une cuve placée au centre ou à l'une des extrémités du champ et dans lesquelles on ajoute 5 à 8 parties d'eau pour le délayer ou modérer son action, si avant d'en remplir les tonneaux de transport cette addition n'a point été faite : la capacité de ce vase est d'environ un quart de mètre cube.

Lorsque la cuve est pleine et lorsqu'on a bien agité le liquide au moyen d'un rabot particulier, un ouvrier, à l'aide d'une écope, espèce de cuiller de bois ou pelle de batelier fixée au bout d'une perche de 4 mètres de largeur appelée louche ou puriau, répand le liquide sous forme de pluie à 6 ou 7 mètres autour de lui; cette écope contient environ 6 kilogrammes d'engrais.

Dès que la cuve est vide, on la transporte sur un

autre point du champ; la voiture suit; alors l'opération recommence et se continue jusqu'à ce que la surface du champ ait été entièrement recouverte d'engrais ou que la totalité disponible soit employée.

Lorsque l'engrais flamand doit être appliqué sur une petite étendue, on le distribue à l'aide d'une espèce d'arrosoir portatif dont la gueule est munie d'un robinet. Ce mode d'application est très utile, en ce qu'il permet d'arroser seulement la base des plantes et de mettre uniquement l'engrais en rapport direct avec les racines. Ce mode d'arrosement est surtout employé à l'époque de la transplantation du colza, du tabac et des betteraves.

La courte graisse, comme on appelle encore l'engrais flamand, répand au loin une odeur infecte, un peu analogue à celle du sulfhydrate d'ammoniaque, mais qui n'est nullement insalubre.

Engrais appliqué à l'aide de véhicules. — Lorsqu'on répand l'engrais flamand sur des prairies ou sur des terres labourées non ensemencées, on le conduit dans un tonneau placé sur un chariot. Derrière ce véhicule existe une caisse de bois dont le fond est percé de trous; l'engrais sort du tonneau, et, à l'aide d'un conduit, il tombe dans sa caisse et de celle-ci sur le sol. Par cette disposition, on arrose une largeur de 1 m. 50 à 2 mètres, à mesure que ce véhicule avance sur la prairie ou sur le champ.

Quelquefois on se sert d'un tonneau muni d'un robinet qui conduit le liquide dans un tube horizontal percé de trous et qui est placé au-dessous et derrière la voiture; ce moyen, qui est le même que celui qu'on a adopté dans les villes pour l'arrosement des rues, ne peut être utile que quand l'engrais est très liquide.

Tonneau à engrais flamand.

Lorsque la courte graisse n'est pas très fluide, on substitue à la caisse ou au tube perforé un bout de planche incliné d'avant en arrière et maintenu sous le jet qui sort du tonneau par une bonde de 0,03 à 0,05 de diamètre pratiquée au-dessous, à l'aide de petits châssis de fer; cette disposition fait jaillir le liquide de tous côtés et l'oblige à se reporter sur le sol sous forme de nappe parfaitement uniforme.

Enfin on peut se servir d'un tonneau muni d'un robinet au-devant duquel on a fixé une planche inclinée.

Quantité qu'il faut répandre par hectare. — Voici les renseignements que M. Girardin, qui a si bien étudié cette question, nous fournit à cet égard.

Dans les environs de Lille, on emploie habituellement, avec du fumier et des tourteaux, environ 350 hectolitres d'engrais flamand par hectare de tabac. Il y a même des cultivateurs qui prétendent obtenir de bons tabacs en arrosant la terre destinée à cette plante avec 1000 à 1100 hectolitres de cet engrais par hectare, outre le fumier; seulement ils appliquent les trois quarts de la fumure en hiver et le quart restant au printemps, avant de planter les jeunes sujets.

La betterave fourragère est fumée avec profusion souvent avec une proportion de 500 à 600 hectolitres d'engrais liquide par hectare; aussi n'est-il pas rare d'obtenir des récoltes de 8000 à 9000 kilogrammes de racines.

Quant à la betterave destinée à la sucrerie, il est reconnu qu'une proportion raisonnable d'engrais flamand ne nuit pas à sa qualité comme richesse saccharine, à la condition expresse qu'elle ait été versée sur le sol avant l'ensemencement et qu'elle remplace une quantité relative de fumier et de tourteaux. La levée des graines est plus régulière, mais on proscrit avec raison les arrosages sur les betteraves en pleine végétation, car alors elles donnent des racines détestables, parce qu'elles sont chargées de sels qui empêchent quelquefois d'une manière complète la cristallisation du sucre.

Pour le blé qui succède à la betterave, on cultive souvent sans fumure. En d'autres circonstances, en hiver ou au printemps, on verse des tonneaux sur les parties languissantes, pour leur donner une nouvelle vigueur.

Lorsqu'on fait succéder le blé à l'avoine, on verse sur le sol environ 115 hectolitres de courte graisse par hectare.

Pour la pomme de terre, on met ordinairement le fumier en hiver, et on arrose avant de planter avec 165 hectolitres du même engrais par hectare. Dans la petite culture, comme on ne fait pas intervenir le fumier, on applique 200 à 300 hectolitres d'engrais avant ou après la plantation, mais dans ce cas la qualité et le rendement des tubercules laissent à désirer.

Quant au colza, on applique du fumier d'abord et on arrose avec une proportion de 165 hectolitres environ d'engrais flamand par hectare, après la plantation, soit en hiver, soit au printemps.

On emploie la même fumure pour le lin, en ayant soin de répandre l'engrais en hiver assez longtemps avant les semailles.

Pour les prairies artificielles, le trèfle par exemple, qui doit être suivi d'une récolte de blé, on verse l'engrais liquide entre deux coupes.

Sur les prairies naturelles, cet engrais détruit les plantes nuisibles, les mousses, les rumex, et donne une vigueur nouvelle aux feuilles des graminée.

Les navets reçoivent 330 hectolitres d'engrais liquide, le chou collet, 300 à 350 hectolitres par hectare.

Pour les œillettes. — En mettant fumier d'étable et 350 hectolitres d'engrais flamand; on peut ensuite avoir du bon blé sans rien fournir à la terre.

Pour la cameline, 165 hectolitres.

Pour toute espèce de culture, on évite d'employer la courte graisse par un temps de sécheresse, parce qu'on a remarqué que l'influence de la chaleur ou des rayons solaires lui est préjudiciable, de même qu'à tous les autres engrais liquides formés de particules très divisées de substances organiques.

Dans les terres fortes, compactes, argileuses, M. Girardin dit qu'il serait déraisonnable de faire un usage exclusif de l'engrais flamand, parce que, employé sans le concours des fumiers d'étable, il tend à donner au sol une compacité que l'on combattrait vainement par des labours multipliés. Ce n'est que dans les terres légères qu'on peut sans inconvénient fumer pendant de longues années avec les seules matières excrémentitielles et y maintenir une végétation intensive.

Enfin le cultivateur se souviendra que, comme toutes les matières organiques dont la fermentation putride est achevée, l'engrais flamand a une action instantanée, qui est épuisée dans l'année où il est mis en terre.

Pris dans les environs de Lille, un tonneau de déjections de 100 à 120 litres coûte 30 centimes.

Les vidanges se vendent à Bondy 3 francs le mètre cube.

Poudrette.

La poudrette est l'engrais humain que la dessiccation a réduit en poudre.

Un ancien usage révélé par un recueil agricole du xe siècle (*Les géoponiques*) consistait à prendre les déjections humaines et à les dessécher, avant de distribuer aux plantes cet engrais devenu pulvérulent, *pulvis stercorus*.

Cette préparation était demeurée tellement restreinte dans la pratique que, vers la fin du xviiie siècle, on a pu commettre l'erreur d'en attribuer l'invention à Bridet, venu de Rouen à Paris pour se livrer à cette fabrication de l'engrais humain desséché, auquel il imposa le nom de poudre végétative.

En 1785, Bridet payait 3000 francs à la ville de Paris pour le privilège qu'elle lui avait concédé. Aujourd'hui, ce droit rapporte plus de 500 000 francs.

A Paris, les tonneaux des vidanges se vident au dépotoir de la Villette, puis une machine repousse par une longue conduite ces matières dans de grands bassins situés à Bondy. Là, les matières solides se déposent; on décante les liquides, et l'on finit par séparer une matière noire qui se dessèche peu à peu à l'air et qui est vendue au cultivateur sous le nom de poudrette.

La préparation de la poudrette dure longtemps, est désagréable et occasionne une déperdition énorme de matières fertilisantes qui infectent les environs du lieu où on la pratique.

La poudrette contient, d'après l'analyse de M. Soubeiran :

Matières organiques	26,55
Phosphate ammoniaco-magnésien.......	6
Phosphate de chaux...................	2,45
Carbonate de chaux	5,61
Sulfate de chaux......................	3,94
Sels alcalins..........................	0,64
Matières terreuses....................	34,01
Eau	20,80

Elle renferme d'azote 188 pour cent.

On en répand de 8 à 25 hectolitres par hectare.

Elle se vend 4 fr. 50 l'hectolitre.

Eaux vannes. — La fabrication de la poudrette nous donne l'explication de cette expression : eaux vannes. En effet, pour fabriquer la poudrette, on construit des bassins très peu profonds relativement à leur surface, disposés en étages, de manière qu'ils puissent s'écouler les uns dans les autres sans frais de main-d'œuvre. C'est dans le bassin supérieur qu'on dépose les vidanges. Dès que les matières solides se sont déposées, on ouvre la vanne, et la partie liquide, appelée *eaux vannes*, se déverse immédiatement dans le bassin inférieur et ainsi de suite dans plusieurs bassins, jusqu'à ce que le liquide, ayant abandonné presque tout ce qu'il tenait en suspension, se perd dans un égout, une rivière ou dans un puisard. 3 mètres cubes de vidange ne donnent que 120 kilogrammes de poudrette pure.

A Paris, on y ajoute ordinairement 80 pour 100 de matières étrangères, ce qui permet de faire 1000 kilogrammes environ de poudrette par chaque mètre cube de vidange.

Une faible quantité d'eaux vannes est vendue directement au cultivateur. M. Moll, professeur au Conservatoire des arts et métiers, a employé cet engrais à la ferme de Vaujours, où il arrivait par bateaux sur un canal qui reliait la ferme au dépotoir.

Les essais furent peu avantageux, et le système fut abandonné.

Le transport des eaux vannes du dépotoir de Paris, à l'aide de grands bateaux-citernes naviguant sur les cours d'eau, s'effectue également aujourd'hui; mais cette utile tentative n'a pas encore reçu tous les développements qu'elle comporte; la valeur du mètre cube d'eaux vannes est à peu près de 12 francs. Les cultivateurs éloignés de Paris consentent à payer le prix, et il en a été conduit par canaux jusque dans le département des Ardennes. Dans les localités plus voisines de Paris, le prix est beaucoup moindre : il est de 5 à 6 francs le mètre. Et, dans ces conditions, c'est un engrais très avantageux quand on dispose d'une quantité d'eau suffisante pour le diluer.

Les usines de la Villette et de Bondy perdent encore une énorme quantité d'eaux vannes qui coulent à la Seine; elles n'en utilisent qu'une partie à la fabrication du sulfate d'ammoniaque.

Lorsqu'on distille une dissolution aqueuse d'ammoniaque, le gaz passe avant l'eau, et c'est ainsi qu'on peut tirer des eaux vannes l'ammoniaque qui s'y trouve et ensuite convertir celle-ci en sulfate d'ammoniaque qui est vendu comme engrais.

Les engrais appliqués aux arbres.

Beaucoup de fermes ont des jardins, des arbres à fruit; il ne sera pas inutile de donner quelques indications sur les engrais qu'on doit employer pour les arbres; nous le ferons d'autant plus volontiers que nous avons pour cela les précieuses indications d'un homme d'expérience, M. Dubreuil.

La présence dans le sol d'une certaine dose d'élément nutritif n'est pas moins nécessaire pour les plantes ligneuses soumises à la culture que pour les plantes herbacées. Les bois, les forêts n'exigent pas l'application d'engrais, parce que chaque année les arbres de ces massifs couvrent le sol d'une couche épaisse de feuilles et de bois mort, qui, en pourrissant, rendent à la terre plus d'élément de fertilité que les arbres ne lui en ont demandé pendant leur végétation, car ils absorbent dans l'air une partie notable de leurs éléments nutritifs. Aussi les bois et les forêts améliorent-ils le sol au point de vue de sa richesse en engrais. C'est donc avec raison que les forestiers s'opposent à ce que l'on enlève dans les bois les feuilles sèches et le bois mort. Cet effet est produit par toutes les plantes ligneuses à l'état sauvage. Mais il en est autrement pour les espèces qui, pour donner les produits qu'on en attend, ont besoin de recevoir certains soins, tels que la taille, la culture annuelle du sol, et sur lesquelles on enlève chaque année les fruits, les feuilles, le bois mort, etc. Tous ces arbres appauvrissent la terre, car on les empêche de lui rendre par leurs débris l'équivalent des éléments nutritifs qu'ils y puisent chaque année. D'ailleurs la nature des produits qu'on en veut obtenir exige souvent une végétation vigoureuse et continue, qui ne peut résulter que d'un sol assez richement fumé. Dans ces diverses circonstances, il convient d'introduire des engrais dans le sol qui doit nourrir ces arbres.

Nature des engrais. — Les engrais qui conviennent

le mieux aux plantes ligneuses sont ceux à décomposition lente, ceux qui abandonnent lentement à l'absorption des racines les principes nutritifs qu'ils contiennent. En effet, les engrais rapides, mais peu prolongés, les fumiers proprement dits, les engrais pulvérulents conviennent moins à ces végétaux qu'aux plantes herbacées. Celles-ci n'occupent le sol que pendant un temps très court; leur développement, moins longtemps prolongé que celui des arbres, est beaucoup plus rapide; les fonctions absorbantes de leurs racines sont beaucoup plus actives; elles ont besoin de trouver dans le sol les principes nutritifs abondants que leur fournissent amplement les fumiers, les engrais pulvérulents et surtout les engrais liquides. Il faut aux arbres des engrais riches d'ailleurs, mais à décomposition plus lente et dont l'effet ait plus de durée. Les racines absorbent alors les principes nutritifs à mesure qu'ils sont dissous dans l'eau, tout est utilisé; il n'y en a qu'une faible partie d'entraînée par les eaux hors de la partie des racines ou de vaporisée dans l'air.

Les matières qui remplissent le mieux ces conditions sont : les os concassés, les râpures de corne, les tendons, les crins, poils, chiffons de laine, les débris de cuir.

La durée de ces engrais est de six à dix ans.

Toutefois il serait désirable de pouvoir approprier la nature des engrais à l'espèce de produit qu'on veut obtenir des diverses espèces d'arbres. Ainsi le produit maximum des arbres, quelle qu'en soit la nature, ne peut être obtenue qu'après le développement complet de leur charpente. On devra donc choisir les engrais qui favorisent le développement des bois; les engrais azotés que nous venons de citer donneront ce résultat. Ce développement obtenu, on devra ensuite appliquer les engrais qui aident à la formation des produits qu'on a en vue. On sait par exemple que les matières riches en sels de potasse augmentent beaucoup l'abondance des raisins, mais sont peu favorables à la vigueur des ceps. On devrait donc employer d'abord pour la vigne les engrais azotés, pour arriver rapidement à la constitution des ceps, puis ensuite avoir recours aux sels de potasse, pour stimuler la fructification.

L'usage stimulant de ces deux engrais donnerait aux ceps une trop grande vigueur, qu'on serait ensuite obligé de modérer à l'aide de mutilation, pour aider à la production des grappes. Employés successivement, ces deux engrais auraient de nombreuses applications en arboriculture, surtout pour les arbres fruitiers, si la chimie nous avait indiqué, comme elle l'a fait pour les raisins, quelles sont les matières salines qui dominent dans la composition élémentaire de chaque sorte de fruit. En attendant, on ne saurait trop approuver la pratique qui consiste à fumer le vignoble avec le marc de raisins, les oliviers avec les tourteaux d'olives, le mûrier avec des litières de magnanerie.

Les engrais qui agissent avec le plus d'intensité, mais qui n'ont qu'un effet éphémère, sont les engrais liquides, qu'on peut parfois employer pour les arbres.

Ces engrais peuvent se composer de toutes les matières organiques en décomposition et plus ou moins étendues d'eau. Tels sont surtout : 1° le guano naturel : y ajouter huit fois son volume d'eau ; 2° tourteaux de graines oléagineuses, colza, lin, arachide, sésame, etc. : ces tourteaux sont réduits en poudre, puis ajoutés à six fois leur volume d'eau ; on abandonne ce mélange à lui-même et on l'emploie lorsqu'il commence à fermenter; 3° matières fécales : les réunir dans une citerne, y ajouter une suffisante quantité d'eau pour les rendre assez liquides, et les répandre lorsqu'elles commenceront à fermenter; pour désinfecter ces engrais, on pourra y ajouter 1 kilogramme de couperose du commerce réduite en poudre par hectolitre de liquide; 4° sang des abattoirs : le laisser fermenter un peu et y ajouter 1 kilogramme de couperose par hectolitre pour le désinfecter; 5° urines : les employer fraîches et en étendant de quatre fois leur volume d'eau, ou les employer fermentées en y ajoutant 40 grammes de couperose par hectolitre pour les désinfecter; 6° purin ou jus de fumiers : les employer sans préparation ; 7° mélange des matières précédentes. On peut encore former un engrais liquide d'une grande puissance en mélangeant tout ou partie des matières précédentes.

Il est bien entendu que l'action de ces engrais sera d'autant plus énergique qu'ils seront plus riches en azote.

Mode d'application des engrais. — Ces engrais doivent être placés de façon à se trouver dans le voisinage des parties absorbantes de la racine, c'est-à-dire des extrémités radiculaires. Répandus à la surface du sol, une grande partie de leurs éléments nutritifs sont perdus dans l'air. Enterrés profondément, ils sont hors de la portée des racines, et les eaux pluviales entraînent plus profondément encore leurs parties solubles. C'est dans la couche superficielle du sol, jusqu'à 40 centimètres de profondeur, qu'il faut tâcher de les placer. Ceci posé, on conçoit que la manière de les appliquer doit nécessairement varier suivant le mode de culture des arbres et la nature des autres récoltes auxquelles ils sont associés.

Tous les arbres fruitiers à haute tige cultivés dans les vergers agrestes et les prés-vergers doivent être fumés. Toutefois, si ces arbres sont placés sur une terre labourée consacrée à la production d'autres récoltes et recevant pour cela une fumure spéciale, ils profiteront des engrais destinés aux céréales ou autres plantes herbacées. Il en sera de même si les arbres sont plantés dans un pré dont les herbes sont constamment consommées sur place par les bestiaux, qui fument la surface du sol par leurs déjections. Ces observations s'appliquent également aux mûriers.

Quant aux arbres qui ne sont pas placés dans ces conditions, on suivra les indications suivantes pour les fumer :

Au commencement de l'hiver, on enlève les gazons au pied de chaque arbre sur un diamètre de 1 m. 50 au plus, en découpant ce gazon par plaques régulières d'une épaisseur de 5 à 6 centimètres. On répand les engrais sur cette surface, et l'on replace les gazons par-dessus pour que la production des herbes n'en souffre pas. Cette opération est répétée tous les trois ans si l'on emploie du fumier et tous les six ou huit ans si les engrais ont une action plus prolongée.

Lorsque les arbres sont déjà âgés, que leur tête offrira un diamètre de 6 à 8 mètres, le mode de fumure indiqué plus haut sera inefficace, car les seules parties absorbantes des racines, les extrémités radiculaires, seront alors à 1 ou 8 mètres du tronc. Il faudrait donc enlever le gazon sur ces points pour y placer la fumure, mais alors on déplacerait ainsi toute la surface du pré. Dans ce cas, il vaudra mieux fumer en couverture, c'est-à-dire répandre l'engrais sur toute la surface du pré.

Tous les vignobles doivent être fumés, sous peine

de voir diminuer très notablement l'abondance de leurs produits. Mais la nature et la quantité des engrais employés doivent varier suivant la quantité du vin qu'on veut obtenir.

Les fortes fumures avec des engrais azotés poussent à la quantité des produits, mais au détriment de la qualité. On devra les réserver pour le plus grand nombre de vignobles dans lesquels on tient plus à la quantité qu'à la qualité. Dans quelques vignobles exceptionnels de la Bourgogne et du Bordelais où l'on doit rechercher avant tout la qualité, il faudra être très sobre de fumure et surtout n'employer que des engrais végétaux, tels que les sarments de vigne, les marcs de raisin, les terreaux composés de fumure, d'herbes, de gazons réunis en masse et abandonnés quelque temps aux effets de la fermentation.

Quels que soient les engrais employés pour le vignoble, il conviendra de les appliquer avant ou pendant l'hiver, en ouvrant entre chaque ligne de ceps un sillon qu'on referme après y avoir placé ces matières. Les radicelles profitent mieux de ces éléments nutritifs que si on les plaçait au pied de chaque cep.

Les arbres ou arbrisseaux cultivés dans le jardin fruitier doivent aussi recevoir des engrais, qu'on répand avant l'hiver sur toute la surface des plates-bandes et qu'on enterre à l'aide d'un labour pratiqué immédiatement après. Cette fumure est répétée assez souvent, pour maintenir en bon état la végétation de ces arbres.

Les engrais liquides ne devraient être appliqués qu'aux arbres devenus languissants par suite d'une production surabondante ou pour toute autre cause. En second lieu, ces matières ne seront employées qu'au moment où la végétation est le plus active et les fonctions des racines le plus développées. Répandus pendant l'hiver, ces engrais peuvent déterminer la pourriture des racines ; ainsi que M. Dubreuil l'a observé pour les orangers d'Hyères, qui ont tous disparu par suite de cet accident. On leur a appliqué pendant plusieurs hivers des engrais liquides composés de tourteaux d'arachide pulvérisés et mélangés avec de l'eau.

Ces matières, contenant encore des parties grasses devenues acides par la fermentation, ont pourri toutes les racines.

Pour appliquer les engrais liquides, on enlève la couche superficielle du sol sur une épaisseur d'environ cinq centimètres sur toute l'étendue du terrain qu'on suppose occupé par les racines ; puis on répand l'engrais, en replaçant immédiatement la terre, ou bien on répand ces matières sur le sol et on les recouvre d'une couche de litière. Cette opération pourra être répétée deux ou trois fois pendant l'été.

La pulvérisation des engrais.

Nous ne terminerons pas cet ouvrage sans signaler les travaux de M. Menier sur la pulvérisation des engrais. Ce chimiste distingué s'est dit : « Le sol arable est un résidu résultant d'actions mécaniques sur les roches par des agents énergiques qui les ont broyées et d'actions chimiques qui les ont attaquées et décomposées. Eh bien, pour augmenter le sol arable, il n'y a qu'à broyer systématiquement de manière à lui rendre les principes fixes que les végétaux lui enlèvent. On reconstituera le sol arable en se servant des procédés qui l'ont formé. On fera un sol arable dans telles et telles conditions données, tel qu'on le voudra pour obtenir tel résultat déterminé. On fera de l'agriculture avec la certitude que l'industrie apporte dans ses procédés. »

A l'aide de nombreuses expériences, M. Menier a prouvé que la dissolution d'un solide a lieu proportionnellement aux surfaces de contact avec le liquide actif.

Tout ce qui demeure sous la surface d'un bloc, d'une pierre, d'un gravier demeure sans action, parce qu'il ne peut se dissoudre.

On multiplie la surface en réduisant un bloc en poudre impalpable.

La pulvérisation transforme les roches dures en roches tendres, les pierres imperméables en pierres poreuses. En émiettant les roches, elle offre une multitude de surfaces au liquide actif.

Alors jetez cette poudre impalpable sur un champ, aussitôt elle se mêle au sol ; elle se trouve à la portée de toutes les racines des plantes ; l'eau, qui peut attaquer une multitude de surfaces, la dissout et la transporte dans l'organisme des végétaux. En ajoutant à votre champ les principes fixes qui s'épuisaient vous l'aurez reconstitué.

Aujourd'hui, on fait bien quelque chose d'analogue : on transporte des marnes sur une terre, mais ces marnes sont en petites masses ; ces petites masses ne se dissolvent que dans un certain laps de temps. Il faut donc en apporter une quantité énorme, faire une avance considérable et attendre un effet qui ne se produit que longuement et d'une manière inégale.

En pulvérisant les engrais complémentaires, vous pouvez doser exactement votre terre pour obtenir un résultat immédiat. Il y a donc diminution d'avances, de frais de transport, et vous obtenez un effet certain et immédiat.

Que de phosphates fossiles, de marnes, de sablons calcaires, de feldspaths on pourrait faire broyer par des moulins à vent, par chutes d'eau ! Combien de roches qu'on trouve partout et dont on ne sait que faire, parce qu'on ne sait pas les utiliser. A côté, il y a des terres qui s'épuisent, qui ont besoin d'amendement ; et cet amendement, on ne se le procure qu'à grands frais, d'une manière insuffisante. M. Menier a pensé que tous ces éléments pouvaient être utilisés pour reconstituer les terres arables épuisées, pour augmenter la production.

On pourra lire dans le *Manuel de la pulvérisation* de M. Menier quelles sont les machines qui servent à pulvériser et à broyer.

Des expériences faites par M. Chevandier de Valdrome il résulte qu'avec des engrais renfermant une proportion de chaux plus ou moins considérable on augmente de 30 à 40 pour cent le rendement d'un hectare de bois. Le résultat est analogue quand on emploie les cendres de bois, les os non calcinés, le carbonate de chaux, les plâtras, le plâtre, etc. Les cendres résultant de la combustion des débris des exploitations forestières peuvent de même être employées sur place et avec grand avantage, en les répandant sur le sol au moment des coupes ; elles donnent une augmentation de 20 pour 100. Cette action fertilisante des cendres explique pourquoi les parties des forêts qui ont été brûlées repoussent en général avec une grande vigueur et présentent de très bonnes conditions pour les semis d'arbres résineux.

Il résulte des expériences de M. Chevandier que dans les pays où le plâtre et la chaux sont à bon marché, dans les lieux de production de cendres, de la poudrette et des résidus des fabriques de soude, des scories de forges, on pourrait employer ces substances avec avantage pour activer la végétation des semis, des plantations et des jeunes forêts. On sait, en effet, que les premières années de la vie des arbres sont en général celles pendant lesquelles leur accroissement absolu est le plus faible, et que le plus ou moins de vigueur avec laquelle ils se développent pendant les premières années a une grande influence sur leur développement ultérieur.

Dans les sols forestiers, la plupart des roches contiennent en assez grande proportion la chaux, la potasse, la silice, etc., qui sont nécessaires à la végétation et dont l'apport constitue les excédants de rendement qui viennent d'être constatés. Mais ces substances ne sont que très lentement solubles, et leur action ne se fait que très peu sentir. Ce qu'il faut, c'est les pulvériser, les rendre assimilables, préparer la nourriture des plantes, comme on prépare celle des animaux soumis au régime de l'engraissement.

Quel sera le résultat? Si la solubilité des principes est doublée, et M. Menier l'a prouvé, chaque mètre cube d'eau, au lieu d'entraîner dans son passage à travers la végétation 80 grammes de principes fixes qui aident à l'accroissement des plantes, en entraînera 160 grammes. Les 600 mètres cubes d'eaux qu'évapore, en moyenne, un hectare de bois pendant les deux cents jours de végétation, fixeront 100 kilogrammes au lieu de 50, qui sont le gain annuel dans les circonstances ordinaires.

Ce que nous avons dit de la pulvérisation suffira, je pense, pour faire comprendre quel parti on en peut tirer. Il est bien entendu que, pour qu'il y ait profit, il faut que les matières à employer ne coûtent pas beaucoup à transporter et qu'elles soient applicables dans le sol où l'on se trouve.

Distributeur d'engrais.

Les engrais pulvérulents, surtout les engrais chimiques, ne sont pas agréables à semer à la main. Ils gênent l'odorat et la respiration et rendent l'épandage pénible. Souvent les semeurs, quand ils n'ont pas pris la précaution de se garantir, ont après l'opération les mains gonflées et fortement gercées. Aussi ce travail est-il à peine commencé que souvent le semeur voudrait qu'il fût terminé, et se hâte-t-il d'en finir, sans se préoccuper de prendre à la main à peu près la même quantité d'engrais et de le répandre régulièrement dans le sillon. De telle sorte que, l'engrais n'étant pas semé uniformément, la récolte lève inégalement et est beaucoup moins profitable que si l'engrais avait été distribué également.

Même avec toutes les précautions et la bonne volonté possibles, à chaque fois que la main prend de l'engrais, il en tombe une certaine quantité au bas du semeur. De plus, pour peu qu'il fasse un peu de vent, la partie la plus ténue de l'engrais, c'est-à-dire la meilleure, la plus assimilable, est emportée dans le champ du voisin.

Il a été démontré par des expériences répétées que, pour éviter toute déperdition et retirer de l'emploi des engrais artificiels tout le profit qu'on est en droit d'en attendre, il faut l'enfouir dans la couche du sol où rayonnent les racines de la plante à cultiver; mais l'application de cette méthode comme son plein succès n'étant possibles qu'à l'aide d'un distributeur spécial

Semoir à engrais de Derome.

dont le mécanisme ne puisse s'encrasser au cours du travail et qui permette de répandre avec facilité et la plus parfaite régularité, sans changement de vitesse, sur toute la surface du champ, l'engrais humide comme l'engrais sec, les graines seules ou mélangées à l'engrais : 1° à la volée, 2° en lignes au moyen de tubes et de socs mobiles, c'est ce distributeur qu'un agriculteur intelligent de Bavay (Nord), M. Derome, qui a fait de nombreuses expériences sur l'emploi des engrais, a cherché à réaliser. Nous avons vu ce distributeur à l'Exposition universelle de Paris 1878, et il nous a paru mieux que tous ceux construits jusqu'à ce jour répondre aux exigences d'une bonne distribution.

Ce distributeur entre en marche avec rapidité; l'ouverture se règle sans changement de vitesse pour toutes espèces d'engrais et de grains sur un cadran gradué. La quantité réglée, il n'y a plus à toucher au levier du régulateur, si ce n'est pour le fermer quand le semis est terminé.

Les socs sont mobiles et manœuvrent suspendus sur un levier qui permet de les descendre et de les relever à volonté.

Un mouvement d'embrayage disposé comme dans les moissonneuses arrête ou active instantanément la marche du distributeur.

Le distributeur marche roue sur roue pour les semis à la volée comme pour tous semis en ligne.

Pour semer à la volée au moyen de l'éparpilleur, il faut enlever les socs; il suffit pour cela de les décrocher à l'arrière et de retirer les deux clavettes aux paliers de devant qui soutiennent la base d'attache. Ce changement s'opère en cinq minutes.

M. Derome estime que :

Dans les semis à la volée de céréales et graines diverses, on peut employer indifféremment le mélange du grain avec l'engrais chimique comme avec l'engrais organique ;

Dans les semis en ligne, l'engrais à mélanger avec la semence doit être pour la betterave essentiellement organique ; mais, pour les céréales, l'engrais pourra contenir 20 0/0 de son poids de sulfate d'ammoniaque ou de nitrate de soude.

Le mélange des graines aux engrais se fait à la ferme, sur un espace parfaitement balayé de toutes matières étrangères, ou sur la terre, au fur et à mesure des besoins du distributeur. Dans ce cas, il faut se munir d'une boîte ou toile carrée de 1 mètre 50 de côté environ et d'une mesure quelconque de 10 à 25 litres de contenance, pour assurer la régularité de ces mélanges.

FIN

TABLE DES MATIÈRES

Coulommiers. — Typographie Paul BRODARD.